国家重点研发计划项目（2016YFC0801402）
河南省高等学校重点科研项目（18A440004）
国家自然科学基金项目（51074160、51204065）
河南省高校科技创新团队支持计划项目（17IRTSTHN030）资助

破坏类型、水分、环境负压
对粒煤解吸瓦斯影响研究

陈向军／著

中国矿业大学出版社

China University of Mining and Technology Press

内 容 简 介

本书凝聚了作者十多年来在粒煤解吸瓦斯影响规律方面的研究成果,主要内容包括破坏类型对粒煤解吸瓦斯影响规律、水分对粒煤解吸瓦斯影响规律、负压环境对粒煤解吸瓦斯影响规律、残存瓦斯含量影响因素实验测试。本书所述研究内容具前瞻性、先进性和实用性,可供从事安全工程及相关专业的科研与工程技术人员参考使用。

图书在版编目(C I P)数据

破坏类型、水分、环境负压对粒煤解吸瓦斯影响研究/
陈向军著. —徐州:中国矿业大学出版社,2018.10
ISBN 978 - 7 - 5646 - 4211 - 2

Ⅰ. ①破… Ⅱ. ①陈… Ⅲ. ①瓦斯—解吸—研究
Ⅳ. ①TD712

中国版本图书馆 CIP 数据核字(2018)第 241964 号

书　　名	破坏类型、水分、环境负压对粒煤解吸瓦斯影响研究
著　　者	陈向军
责任编辑	王美柱
出版发行	中国矿业大学出版社有限责任公司
	(江苏省徐州市解放南路　邮编 221008)
营销热线	(0516)83885307　83884995
出版服务	(0516)83885767　83884920
网　　址	http://www.cumtp.com　E-mail:cumtpvip@cumtp.com
印　　刷	江苏淮阴新华印刷厂
开　　本	787×1092　1/16　印张 11　字数 303 千字
版次印次	2018 年 10 月第 1 版　2018 年 10 月第 1 次印刷
定　　价	36.00 元

(图书出现印装质量问题,本社负责调换)

前　言

我国是一个以煤炭为主要能源的发展中国家,煤炭是我国重要的基础能源和化工原料,2016 年,全国煤炭产量 33.64 亿 t,约是美国、印度、印度尼西亚、澳大利亚和俄罗斯等五个主要产煤国总产量的 1.2 倍,在我国一次能源生产和消费结构中,煤炭的比重分别达到 69.6% 和 62.0%,尽管我国对石油、天然气等优质能源的需求增长快速,对煤炭的需求有所下降,但我国"富煤、贫油、少气"的能源格局决定了在很长一段时间内,煤炭仍将是我国的主体能源。

我国煤层赋存条件恶劣,在开采过程中受到瓦斯、水、火、矿压等灾害的威胁,在各种灾害因素中,瓦斯被称为煤矿安全生产的"第一杀手"。据有关方面统计,在我国煤矿事故中,瓦斯事故占到很大的比例,达 80% 以上,造成的伤亡占到特大事故伤亡人数的 90%。因此,瓦斯灾害防治工作不论是过去、现在还是将来,一直是煤矿安全工作的重点,瓦斯灾害治理工作任重而道远。

为防治瓦斯事故,长期以来,我国进行了诸多的试验和研究,目前已建立起一套"以煤层瓦斯压力或含量为基础,以瓦斯涌出量预测和煤与瓦斯突出危险性预测为依据,以综合瓦斯治理措施为手段,再以煤层残余瓦斯压力或瓦斯含量为检验指标"的综合瓦斯治理模式,并取得了较好的成效。为了提高煤层瓦斯含量测值可靠性、瓦斯危险程度预测准确率和瓦斯治理效果,诸多学者对粒煤解吸瓦斯影响规律开展了大量研究,亦取得了丰硕的研究成果。

该书凝聚了作者十多年来在粒煤解吸瓦斯影响规律方面的研究成果,共分为四篇十四章,第一章为绪论,论述了现有粒煤解吸瓦斯模型及各部分研究必要性;第一篇破坏类型对粒煤解吸瓦斯影响规律,分为三章,系统研究了煤的破坏类型对瓦斯解吸规律的影响;第二篇水分对粒煤解吸瓦斯影响规律,分为六章,系统研究了水分对粒煤解吸瓦斯影响规律;第三篇负压环境对粒煤解吸瓦斯影响规律,分为两章,系统研究了环境负压对瓦斯解吸规律的影响;第四篇残存瓦斯含量影响因素实验测试,分为两章,分别从粉碎时间、吸附平衡压力和因素角度研究对残存瓦斯含量的影响。

笔者多年来的科研工作中,得到了袁亮院士、何满潮院士、王兆丰研究员、程远平教授等人的指导和帮助,衷心向他们表示感谢! 感谢刘洋、段正鹏、蒋莹莹、杜云飞、李立杨、袁宇、刘金钊和赵伞等硕士研究生的贡献！感谢国家重点研发计划项目（2016YFC0801402）、国家自然科学基金项目（51074160、51204065）、河南省高等学校重点科研项目（18A440004）、河南省高校科技创新团队支持计划项目（17IRTSTHN030）、煤矿瓦斯与火灾防治教育部重点实验室开放基金项目、河南理工大学博士基金项目（B2014-002）的资助；感谢中国矿业大学出版社对本书出版的大力支持和帮助！

由于作者水平所限，缺点和错误在所难免，恳切希望读者批评指正。

陈向军

2018 年 7 月于河南理工大学

目　　录

第一篇　破坏类型对粒煤解吸瓦斯影响规律

第二篇　水分对粒煤瓦斯解吸影响规律

第三篇　负压环境对粒煤瓦斯解吸影响规律

第四篇　残存瓦斯含量影响因素实验测试

第 1 章　粒煤解吸瓦斯模型及影响因素

1.1　粒煤解吸瓦斯模型

煤的瓦斯解吸规律在一定程度上能够反映瓦斯压力和煤层突出危险性的大小,研究粒煤的瓦斯解吸规律,对于确定煤层瓦斯压力和煤层突出危险性具有重要意义。

为此,国内外学者对煤的瓦斯解吸规律进行了大量的研究,形成了巴雷尔式($\sqrt{t}$式)、文特式、乌斯基诺夫式、艾黎式、博特式、王佑安式和孙重旭式等经典经验公式。各经典经验公式简述如下:

（1）巴雷尔式

英国剑桥大学巴雷尔博士通过对天然沸石吸附各种气体测定研究发现,气体累计解吸量与时间的平方根呈正比,且吸附和解吸是可逆的。解吸量和解吸时间的关系式为:

$$\frac{Q_t}{Q_\infty} = \frac{2s}{V}\sqrt{\frac{Dt}{\pi}} \tag{1-1}$$

$$Q_t = K_1\sqrt{t} \tag{1-2}$$

式中　Q_t——从开始到时间 t 时的累计解吸气体量,mL/g;

$\quad\quad Q_\infty$——极限解吸气体量,mL/g;

$\quad\quad s$——单位质量试样的表面积,cm²/g;

$\quad\quad V$——单位质量试样的体积,mL/g;

$\quad\quad t$——解吸时间,min;

$\quad\quad D$——扩散系数,cm²/s。

（2）文特式

德国工学博士文特和雅纳斯研究发现,从吸附平衡煤中解吸出来的瓦斯量取决于煤的瓦斯含量、吸附平衡压力、时间、温度和煤样粒径等因素,解吸瓦斯量随时间的变化可由幂函数表示:

$$Q_t = \frac{V_1}{1-k_t}t^{1-k_t} \tag{1-3}$$

式中　Q_t——从开始到时间 t 时的累计解吸瓦斯量,mL/g;

$\quad\quad V_1$——第 1 分钟的瓦斯解吸速度,mL/(g·min);

$\quad\quad k_t$——瓦斯解吸速度变化特征指数。

（3）乌斯基诺夫式

前苏联学者乌斯基诺夫在实测数据的统计分析基础上,得到了与实测值较吻合的经验公式,即:

$$Q_t = V_0 \left[\frac{(1-t)^{1-n} - 1}{1-n} \right] \tag{1-4}$$

式中　Q_t——从开始到时间 t 时的累计解吸气体量，mL/g；

　　　V_0——时间为 0 min 时的瓦斯解吸速度，mL/(g·min)；

　　　n——取决于煤质等因素的系数。

（4）艾黎式

英国人艾黎在研究煤层瓦斯涌出时，将煤体看作彼此分离且含有裂隙的"块状"集合体，每个块体尺寸大小不同，据此建立了以达西定律为基础的瓦斯涌出理论，并提出了煤中瓦斯解吸量与时间的经验公式，即：

$$Q_t = Q_\infty \left[1 - e^{-\left(\frac{t}{t_0}\right)^n} \right] \tag{1-5}$$

式中　Q_t——从开始到时间 t 时的累计解吸瓦斯量，mL/g；

　　　Q_∞——极限解吸瓦斯量，mL/g；

　　　t_0——时间常数；

　　　n——与煤中裂隙发育程度有关的系数。

（5）博特式

澳大利亚的博特等人通过对不同变质程度煤的瓦斯解吸过程进行测试，认为瓦斯在煤中的解吸过程与瓦斯在沸石中的扩散过程非常相似，解吸瓦斯量与解吸时间可由下式表述：

$$Q_t = Q_\infty (1 - A e^{-3\lambda}) \tag{1-6}$$

式中　Q_t——从开始到时间 t 时的累计解吸瓦斯量，mL/g；

　　　Q_∞——极限解吸瓦斯量，mL/g；

　　　A, λ——经验常数。

（6）王佑安式

王佑安通过实验室测试煤的瓦斯解吸过程认为，煤屑瓦斯解吸累计量随时间的变化趋势与"朗缪尔"方程类似，因此，煤屑瓦斯解吸可由下式表述：

$$Q_t = \frac{ABt}{1 + Bt} \tag{1-7}$$

式中　Q_t——从开始到时间 t 时的累计解吸瓦斯量，mL/g；

　　　A, B——解吸常数。

（7）孙重旭式

孙重旭认为当煤样粒径较小时，煤中瓦斯解吸以扩散为主，煤解吸瓦斯量随时间的变化可由幂函数表示，即：

$$Q_t = a t^i \tag{1-8}$$

式中　Q_t——从开始到时间 t 时的累计解吸瓦斯量，mL/g；

　　　t——解吸时间，min；

　　　a, i——与煤的瓦斯含量及结构有关的常数。

上述几种瓦斯解吸规律基本上囊括了国内外典型研究成果，它们分别从不同角度描述了煤的瓦斯解吸过程，为后来的瓦斯解吸研究奠定了基础。

1.2　粒煤瓦斯解吸影响因素

国内外学者对煤的瓦斯解吸规律影响因素开展了大量实验研究，根据他们的研究成果，影响瓦斯解吸规律的因素主要有煤的破坏程度、煤样粒径、吸附平衡压力、煤样水分和温度。富向通过对不同破坏程度煤的瓦斯放散速度测试发现,构造煤第 1 秒的瓦斯放散速度、衰减系数和瓦斯放散初速度均和非构造煤有很大差异。杨其銮[122]通过理论分析和实验研究发现,煤的破坏类型越高,其初始瓦斯放散速度越大,扩散系数 D 越大。杨其銮、王兆丰、曹垚林等实验研究表明,在影响煤的解吸方面存在一个极限粒径,当煤样小于极限粒径时,煤的瓦斯解吸强度随着煤样粒径的增大而减小,当煤样粒径大于极限粒径后,瓦斯解吸强度随着煤样粒径的增大而减小的趋势不再明显。周世宁认为,煤的极限粒径与煤的变质程度有关,煤的破坏程度越强烈,极限粒径越小。姜永东在吸附平衡压力 1.5 MPa,实验温度为 20.3 ℃、30 ℃、40 ℃、45 ℃和 50 ℃条件下对 0.28～0.45 mm 粒径的煤样瓦斯解吸过程进行了测试,他发现在相同温度和压力条件下,煤中瓦斯的初始解吸速度较快,随着时间的增加,解吸速度逐渐减小,最后趋于稳定;随着温度的增加,煤的瓦斯最大解吸量增大。李宏在 20 ℃、30 ℃、40 ℃、50 ℃和 60 ℃,吸附平衡压力 0.5 MPa、0.74 MPa、1.5 MPa、2.5 MPa 和 3 MPa 条件下,对成庄煤矿 3 号煤层 1～3 mm 煤样的瓦斯解吸过程进行了测试,他发现随着解吸温度的升高,相同时间段内颗粒煤的累计解吸瓦斯量及瓦斯解吸增量都相应增大,各个时间点处的瓦斯解吸速度也随温度的升高而增大。水分对煤的瓦斯解吸影响较为复杂,郭红玉通过对不同含水量的 ϕ50 mm×50 mm 原煤样瓦斯放散初速度测试发现,与干燥煤样相比,湿润煤样的瓦斯放散初速度下降幅度高达 40% 以上。肖知国采用先使煤样吸附平衡、后注入液态水的方法对注水煤样的解吸等温线测试发现,注水后水分对处于吸附态的瓦斯解吸具有明显的抑制效应,且抑制解吸效应与煤样粒径有关,对于 0.17～0.25 mm 粒径煤样,当水分分别为 3.85% 和 6.31% 时,相应的初始解吸速度和瓦斯解吸衰减速度最小;对于 1～3 mm 粒径煤样,水分分别为 4.83% 和 4.97% 时,相应的初始解吸速度和瓦斯解吸衰减速度最小。煤样注水后,初始瓦斯解吸速度降低,降低幅度可达 21.67%,瓦斯衰减速度变慢,变慢幅度可达 3.62%。注水煤样的残存瓦斯含量大于干燥煤样,且具有随着注水量增加煤样残存瓦斯含量增大的总体趋势;在无覆压时,当煤样水分含量达到 15% 后,煤的残存瓦斯含量增加趋势变缓。同时他认为,注水过程中存在置换效应,根据计算,大约 10% 的瓦斯被注入的水所置换。李晓华在实验室对粒径为 0.17～0.25 mm 的煤样采用先吸附平衡、后注水的实验方法对不同含水量煤样的解吸过程进行了测试,他发现相同吸附平衡压力下,煤样含水量越大,卸压后 150 min 内的瓦斯解吸总量越小,初始阶段的瓦斯解吸速度也越小,煤样的残存瓦斯含量越大。陈攀在实验室对 1～3 mm 粒径煤样采用先湿润煤样、后吸附平衡的方法对不同含水量煤样的解吸过程测试发现,随着煤样水分的增加,无论何种变质程度和破坏类型的煤样相同时间段内的瓦斯解吸量和解吸速度都是减小的。赵东在实验室对 ϕ100 mm×150 mm 的原煤样采用先吸附平衡、后注水的实验方法对不同含水量煤样的解吸过程测试后发现,未注水煤样前 500 min 内的瓦斯解吸量占总解吸量的 80% 以上,等压注水煤样前 500 min 内的瓦斯解吸量占总解吸量的 70% 左右,3 倍压力注水煤样前 500 min 内的瓦斯解吸量占总解吸量的 60%～63%,9 倍压力注水煤样前 500 min 内的解吸量占总解吸量的 50%～55%,煤样的最终解吸率随着注水压力的升高逐渐降低。他认为注水对解吸率的影响是由于高压水进入到含瓦斯的煤体后,原先的孔隙、裂隙通道在水的存在下产生了一定的毛细管力,产生的毛细管力对孔隙内部的瓦斯具有封堵作用,使瓦斯不能自由运移,只能继续吸附在煤体中,并且注水的压力越高,水进入到煤体的孔裂隙尺度越深,由此产生的毛细管力越大,对瓦斯的抑制封堵作用越明显。当注水压力达到一定值后,由于煤体的孔隙、裂隙分布存在临界值,使得随着注水压力增加对解吸率的影响逐渐减弱。解吸率在整个注水压力的变化阶段内与水压的大小呈非线性的衰减,水分对解吸影响最大的阶段在于自然解吸和等吸附压力注水解吸之间,水对煤体的解吸影响很大,当含瓦斯煤体受到水的影响后,其解吸瓦斯能力都大幅度的降低。在不同的注水压力下,解吸率始终随着水压的增加而降低。同一煤样的瓦斯压力越大,解吸瓦斯能力越强,解吸率受水的影响程度越低。他认为水力措施抑制瓦斯解吸的主要原因是实施水力化措施后,煤体内部的含水饱和度增加,水堵塞了瓦斯的渗流通道,同时由于高压水增加了煤的孔隙压力,使得部分游离态的瓦斯转变为吸附态。笔者在实验室对粒径为 $1\sim3$ mm 的煤样采用先吸附平衡、后注水且搅拌的实验方法对不同含水量煤样的解吸过程进行测试发现,水分对最大解吸量影响较大,含水量越大,最大解吸量越小。0.84 MPa 吸附平衡压力下,当煤样水分由 0.05% 增至 8.39% 时,煤的最大解吸量由 12.525 mL/g 降至 4.284 mL/g,降低了 65.80%。当水分逐渐增大时,抑制瓦斯解吸率也逐渐增大,但增大幅度逐渐减小,水分对煤层瓦斯的理论最大抑制瓦斯解吸率为 42.48%,此后再增大煤层水分,对瓦斯解吸已无影响。牟俊慧通过测试不同变质程度煤样在不同含水率情况下的瓦斯放散初速度发现,煤样水分越大,煤的瓦斯放散初速度越小,煤样中的水分减缓了瓦斯放散初速度,煤样的变质程度越高,水分对其影响就越大。煤样的放散初速度与煤样含水率呈对数关系,当煤样含水量达到 2%~7% 时对瓦斯初始放散速度影响最大,当煤样含水量大于 10% 时,随着煤样中水分的增加,水分对瓦斯放散速度的影响越来越小。她认为瓦斯放散初速度的减小是由于煤样注水后水分子封堵住了煤体中的一部分孔隙通道所致。

1.3 破坏类型、水分和环境负压对粒煤解吸瓦斯影响研究必要性

1.3.1 破坏类型对粒煤解吸瓦斯影响研究必要性

众所周知,瓦斯含量由取样过程中损失瓦斯量、井下解吸瓦斯量和残存瓦斯量三部分组成,其中,井下解吸瓦斯量和残存瓦斯量均可实测得到,取样过程中的损失量需要通过井下测定数据推算获得。在实际推算取样过程中的瓦斯损失量时,对于非强烈破坏煤来说,由 $V=V_0e^{-kt}$ 规律推算的损失量精度能够满足工程需要,而对于强烈破坏煤来说,再采用 $V=V_0e^{-kt}$ 规律推算的煤样采集过程中瓦斯损失量,则产生较大误差,见表 1-1。

表 1-1 实际漏失瓦斯量与 $V=V_0e^{-kt}$ 推算漏失瓦斯量对比

煤的坚固性系数	$f=0.17$	$f=0.09$	$f=0.24$	$f=0.26$
实际漏失瓦斯量/(mL/g)	4.97	6.04	2.24	1.73
$V=V_0e^{-kt}$ 推算漏失瓦斯量/(mL/g)	1.30	1.54	1.20	0.64
误差/%	73.84	74.50	46.43	63.01

大量事实证明,由于取样过程中瓦斯损失量补偿时产生误差,引起测定的瓦斯含量值偏小,致使对矿井瓦斯危险程度和瓦斯涌出量不能作出准确预测,直接影响到以预测为依据而制定的瓦斯防治措施的有效性与经济性,甚至可能危及矿井安全生产。因此,准确推算取样

过程的瓦斯损失量显得至关重要。

综上所述,在采用井下钻屑解吸法测定瓦斯含量时,由于推算取样过程中瓦斯损失存在误差,使部分含量测值稳定性差、准确率偏低,特别是对于强烈破坏煤而言,推算的损失量误差更大。这个问题的根据原因就是缺乏对强烈破坏煤瞬间瓦斯解吸规律的研究,反推煤样漏失瓦斯量时,不区分煤的破坏类型,套用 $V = V_0 e^{-kt}$ 规律,忽略了在煤破坏程度较大时,瓦斯解吸速度在初始段衰减比较强烈,此时,再用 $V = V_0 e^{-kt}$ 规律推算损失量将会造成较大误差。因此,研究强烈破坏煤瓦斯解吸规律,不但有利于提高我国煤层瓦斯含量测定方法的稳定性与准确性,而且有益于我国煤矿瓦斯防治技术水平和煤层瓦斯商业化开采必需的资源评价水平的整体提高。

1.3.2　水分对粒煤解吸瓦斯影响研究必要性

瓦斯对于煤矿而言是一种灾害性气体,瓦斯压力高的煤层易于发生煤与瓦斯突出事故,开采过程中涌出的瓦斯易于造成人员窒息,甚至发生瓦斯爆炸等灾害,较高的瓦斯压力和瓦斯含量为煤矿安全生产带来一定的威胁。同时,矿井生产过程中产生的粉尘给从业人员的身体健康带来了严重威胁。为了降低或消除采矿过程中的瓦斯和粉尘危害,煤层开采前,实施了诸如煤层注水、水力冲孔、水力冲刷、水力割缝、水力压裂和水力挤出等技术措施。各种水力化技术措施实施后,无一例外地增加了煤体中的水分,增加的水分与煤体中固有水分不同,属于外加水分。因为水力化措施对煤层防突具有一定积极意义,煤层注水措施早期和开采保护层、预抽煤层瓦斯一并被视为区域防突措施。然而 2009 年实施的《防治煤与瓦斯突出规定》未明确将煤层注水作为一种区域防突措施,但《防治煤与瓦斯突出规定(读本)》将煤层注水归类于预抽煤层瓦斯区域防突措施中,尽管如此,煤层注水防突措施已在工程实践中不再被视为区域防突措施。造成水力化措施不被作为区域防突措施的主要原因之一就是对注水影响煤的瓦斯解吸效应存在分歧。有人认为注水后煤的瓦斯解吸量减小是由于注水驱替了煤裂隙中的瓦斯,同时部分水分子置换了处于吸附状态的甲烷分子,降低了煤层瓦斯含量所致;有人认为水进入煤层裂隙、孔隙后,封堵了吸附瓦斯解吸的通道,使孔隙内部吸附的瓦斯难以解吸出来,从而降低了瓦斯解吸量。

近年来,许多学者针对注水对煤的瓦斯解吸影响开展了大量的研究,但由于受实验条件的限制,部分学者采用先湿润煤样,再对湿润煤样进行吸附平衡,最后进行解吸测试的方法,这种实验方法忽略了煤层实施注水前已吸附了大量瓦斯的事实,实验过程与工程实践差别较大,由此得到的实验结果也难以准确解释工程实践中遇到的现象。随着技术的进步,部分学者意识到这个问题后,对实验装置进行了完善,完善后的装置能够实现先对煤样吸附平衡,后对其进行注水。尽管改善后的实验方法与工程实践中注水工序较为相似,但遗憾的是,在分析注水对煤解吸瓦斯影响时,重点分析了卸压后的瓦斯解吸数据,未将注水过程中水对吸附瓦斯的置换作用考虑进去,由此获得的实验结果仅能反映注水对卸压后瓦斯解吸的影响,难以说明注水对煤解吸瓦斯的综合影响。同时,初步实验表明,注水时如果不进行搅拌,煤样罐内的煤样含水量分布极为不均匀,且相同注水条件下的注水效果差异性较大,使得实验重复性较差,由此获得的实验规律偶然性较强。为了使实验具有较强的重复性,且准确获得水分对煤解吸瓦斯影响的一般规律,注水过程中应力求注水效果的均匀性。另外,前人进行水分影响煤的瓦斯解吸规律研究时,他们往往仅选择单一煤种进行实验,实验结论是否具有普遍性难以确定。为此,在前人研究的基础上,结合工程实践,运用高压吸附状态下注水解吸测试装置对四种不同变质程度煤样在不同吸附平衡压力和不同外加水分条件下的解吸过程进行系统测试,根据注水过程中和注水后的实验数据,开展外加水分对煤的瓦斯解吸动力学特性影响研究,为提高水力化措施的应用效果提供支撑。

1.3.3 负压对粒煤解吸瓦斯影响研究必要性

为防治瓦斯事故,我国进行了诸多的试验和研究,目前已建立起一套"以煤层瓦斯含量测定为基础,以瓦斯危险程度预测(瓦斯涌出量预测和煤与瓦斯突出危险性预测)为依据,以瓦斯防治措施为手段,以残余煤层瓦斯压力或瓦斯含量为检验指标"的综合瓦斯治理模式,并取得了较好的成效。2009 年,煤层瓦斯含量更作为区域预测的主要指标被写进了《防治煤与瓦斯突出规定》。因此,煤层瓦斯含量准确测定与否与矿井安全生产息息相关。

定点快速的取样以及取样过程中的瓦斯损失量推算是煤层瓦斯含量准确测定的关键技术,多年来人们也将瓦斯含量测定技术的研究焦点放在了这些方面。从 20 世纪 30 年代开始,许多学者就着手研究以煤层取样技术为核心的瓦斯含量测定方法,先后获得了以下几种方法:① 真空罐法;② 集气法;③ 地勘时期煤层瓦斯含量测定方法(解吸方法);④ 煤层瓦斯含量井下直接测定法;⑤ 间接法。目前生产矿井大多采用煤层瓦斯含量井下直接测定法,与之相配套的采样方法也大多采用机械/风力排粉孔口接样法、取芯钻头取样法,该方法要求取样时应定点采取煤样,且采样时间不应超过 5 min。但长期的实践表明:这种取样方法难以实现定点取样,存在易混样或因取样时间过长导致瓦斯损失量推算不合理等缺陷,这些都是制约煤层瓦斯含量准确测定的主要因素。

在定点取样方面,先后研制了 1883 型密闭式岩芯采取器、抚研-58 型集气式岩芯采取器、普通煤芯管采取器、GWRVK-1 型电容栅式瓦斯解吸仪及配套取样装置、GWRVK-2 型瓦斯解吸仪及配套取样装置、DGC 型瓦斯含量直接测定装置、ZCY-Ⅰ型钻孔引射取样装置、新型双管单动卸压密闭取芯装置。这些装置都较好地实现了煤样的定点采集,但大多数取样装置取样时间却远远超过 5 min。与其他取样装置相比,利用压风引射器形成负压原理实现定点取样的 ZCY-Ⅰ型钻孔引射取样装置不但能够实现定点取样,且取样时间较短,按照《ZCY-Ⅰ钻孔取样装置产品说明书》取样时间为 3 min。

在采样过程中的损失量方面,我国现行国家标准规定采用 $\sqrt{t}$ 法或幂函数法,这种方法是在煤的瓦斯常压解吸条件下经过研究和实践得出的。长期以来,在推算取样过程中损失瓦斯量方面,国内外学者开展了大量的研究,在空气介质常压解吸环境下,获得的经验公式主要有:巴雷尔式、文特式、乌斯基诺夫式、艾黎公式、博特式、指数函数法、王佑安式、孙重旭式、幂函数法等。在泥浆介质环境下,获得的经验公式主要有:USBM 解吸法、smith-williams 法、曲线拟合法、于良臣法、数值模拟法。

负压取样过程中煤样始终处于负压环境下,但是在推算取样过程中损失瓦斯量时,依旧采用现场常压环境下实测的颗粒煤瓦斯解吸规律获得的经验公式($\sqrt{t}$ 法或幂函数法)。因此,负压取样测定煤层瓦斯含量时,存在着煤样瓦斯解吸的测定环境与负压采样解吸环境不一致现象,要弥补这一理论缺陷,就必须研究负压环境和常压环境下瓦斯解吸规律,揭示负压对瓦斯解吸规律的影响。

第一篇
破坏类型对粒煤
解吸瓦斯影响规律

第 2 章　实验装置及煤的破坏类型分类

2.1　实验装置

根据研究需要,利用了煤样瓦斯解吸过程模拟测试装置(图 2-1),加工了一套瓦斯解吸测定装置(图 2-2),实验装置原理图见图 2-3。加工测定装置的基本出发点是:(1)使煤样解吸的瓦斯始终保持常压下泄入量管,若忽略测定过程中大气压的变化,则可认为瓦斯泄出口的压力是恒定的;(2)使煤样瓦斯解吸过程中保持温度恒定。

图 2-1　模拟实验装置

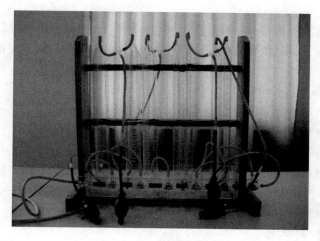

图 2-2　瓦斯解吸测定装置

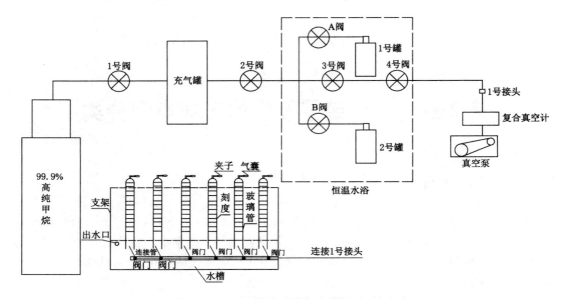

图 2-3　实验装置原理图

2.1.1　实验装置的构成

该实验装置由脱气、充气、恒温和测量四个系统构成,各系统具体如下:

(1) 真空脱气单元

该单元由复合真空计、真空泵、真空管、真空规管和玻璃三通阀组成,其主要仪器规格、型号如下:

复合真空计:北京北仪创新真空技术有限责任公司仪器仪表分公司产 FZH-2B 型,量程 $1 \sim 1 \times 10^{-5}$ Pa;

真空泵:上海博一泵业制造有限公司产 2XZ-4 型旋片式真空泵,极限真空度 6.8×10^{-2} Pa。

(2) 恒温单元

由恒温水浴、超级恒温器、煤样罐、充气罐、精密压力表和高纯甲烷气源组成。

超级恒温器:辽阳市恒温仪器厂产 501 型超级恒温器,恒温和控温范围为 $0 \sim 95$ ℃± 0.01 ℃。

(3) 吸附平衡单元

由精密压力表、甲烷气源、充气罐、煤样罐和阀门组成。

精密压力表:陕西秦岭仪表厂生产,量程 $0 \sim 16$ MPa,0.4 级精度;

甲烷气源:压力 15 MPa,浓度 99.99%;

煤样罐:不锈钢材质,耐压 16 MPa(煤样罐压力表为陕西秦岭仪表厂生产,量程 $0 \sim 16$ MPa,0.25 级精度);

充气罐:不锈钢材质,耐压 16 MPa。

(4) 解吸测量控制单元

该单元由压力调控阀、自制瓦斯解吸测定仪组成。

压力调控阀:江苏阜宁北方阀门有限公司生产,压力调节范围 $0 \sim 16$ MPa,调压刻度

0.005 MPa/格；

　　自制瓦斯解吸测定仪：该单元主要由带刻度标尺的解吸量管组成。其作用是定量测定煤样的瓦斯解吸量。测量系统中的解吸量管设置有常压口，由于常压口总与水槽内水面处于同一高度，因此，基本保证了煤样瓦斯解吸处于等压状态。

2.1.2　实验装置功能

　　实验装置具有如下三个方面的功能：

　　（1）真空脱气功能

　　该功能由真空脱气单元执行，可完成煤样实验前真空脱气和系统管网、煤样罐、充气罐的空间体积标定。

　　（2）恒温功能

　　该功能可保持煤样罐Ⅰ和Ⅱ中煤样在吸附和解吸过程中恒温，由水浴和超级恒温器实施。

　　（3）瓦斯解吸过程模拟测定功能

2.2　煤的破坏类型分类

　　为研究煤与瓦斯突出危险性，国内外不少学者采用煤结构破坏程度这个概念，并且提出了一些煤的破坏程度分类方案，如前苏联科学院地质所的五类法、《煤矿瓦斯等级鉴定办法》的五类法、中国矿业大学瓦斯组的三类法以及焦作矿业学院瓦斯地质研究室的四类法等。《煤矿瓦斯等级鉴定办法》根据煤的光泽、构造与特征、节理和强度等物理性质将煤破坏类型分五类，即Ⅰ、Ⅱ、Ⅲ、Ⅳ、Ⅴ类（见表 2-1）。

表 2-1　　　　　　　　　　　　　　煤的破坏类型分类表

破坏类型	光泽	构造与特征	节理性质	节理面性质	断口性质	强度
Ⅰ类 （非破坏煤）	亮与半亮	层状构造、块状构造，条带清晰明显	一组或二三组节理，节理系统发达，有次序	有充填物（方解石），次生面少，节理、劈理面平整	差阶状，贝壳状，波浪状	坚硬，用手难以掰开
Ⅱ类 （破坏煤）	亮与半亮	1. 尚未失去层状，较有次序；2. 条带明显有时扭曲，有错动；3. 不规则块状，多棱角；4. 有挤压特征	次生节理面多且不规则，与原生节理呈网状	节理面有擦纹、滑皮，节理平整，易掰开	参差多角	用手极易剥成小块，中等硬度
Ⅲ类 （强烈破坏煤）	半亮与半暗	1. 弯曲呈透镜体构造；2. 小片状构造；3. 细小碎块，层理较紊乱无次序	节理不清，系统不发达，次生节理密度大	有大量的擦痕	参差及粒状	用手捻之成粉末，硬度低

破坏类型	光泽	构造与特征	节理性质	节理面性质	断口性质	强度
Ⅳ类（粉碎煤）	暗淡	粒状或小颗粒胶结而成形似天然煤团	节理失去意义，成黏块状		粒状	用手捻之成粉末，偶尔较硬
Ⅴ类（全粉煤）	暗淡	1. 土状构造似土质煤；2. 如断层泥状			土状	可捻成粉末，疏松

2.3 煤样选择及关联参数测试

采用焦作九里山煤矿二$_1$煤层作为实验煤种，该煤种煤质牌号为无烟煤，属于突出煤层，具有初始解吸速度大且衰减速度快的特征。

2.3.1 煤样制备

不同的实验目的与方法对样品有不同的要求，瓦斯解吸过程测定煤样须在新鲜暴露的煤壁用刻槽法采取，煤样采集后迅速装入密闭容积中密封，以防氧化，并尽快送至实验室进行制作煤样。

根据实验要求，分别需要测定煤的坚固性系数和工业分析等参数，因此，须把现场采集的煤样加工处理成符合要求的样品。

根据《煤的坚固性系数测定方法》，即煤炭行业标准 MT 49—87，制备煤的坚固性系数测定用样品：取煤样 1 000 g，用小锤碎制成块度为 20～30 mm 小块，用孔径为 20 mm 和 30 mm 的标准筛筛选。称取制备好的试样 50 g 为 1 份，每 5 份为一组，共称取 3 组，待测定煤的坚固性系数用。

根据《煤的工业分析方法》，即国家标准 GB/T 212—2008，制备工业分析测定用样品：取煤样 500 g 粉碎，过 0.2 mm 标准筛，取筛下颗粒装入磨口瓶中密封加签待用，每个煤样需制备出 2～3 个样品，每个样品重量不应少于 50 g。

解吸煤样制备过程为：粉碎煤样并过 3 mm、1 mm、0.5 mm、0.25 mm 和 0.15 mm 的标准组合筛组，分别取重量为 100 g 的 0.15～0.25 mm、0.25～0.5 mm、0.5～1 mm 和 1～3 mm 筛间颗粒置于烘干机中在 105 ℃条件下加热 3 h，冷却后将煤样放入与空气隔绝的容器中并密封，以备后用。

2.3.2 煤的坚固性系数测定

按照煤的坚固性系数测定方法（MT 49-87）对所采集的样品进行测定，测定结果如表2-2 所示。

表 2-2　　　　　　　　　　　　实验煤样的坚固性系数

试样序号	1 号煤样	2 号煤样	3 号煤样	4 号煤样	5 号煤样
坚固性系数	0.17	0.26	0.23	0.45	0.15

2.3.3 煤样的工业分析测定

按照煤的工业分析方法（GB/T 212—2008）对所采集的样品进行测定，测定结果见表2-3。

表 2-3　　　　　　　　　　　　　　　实验煤样的工业分析

试样序号	1 号煤样	2 号煤样	3 号煤样	4 号煤样	5 号煤样
$W_f/\%$	4.96	5.29	4.62	5.03	5.08
$A_f/\%$	7.55	12.09	15.87	12.25	7.06
$V_\tau/\%$	5.90	6.77	6.55	5.97	5.77

第 3 章　实验方法及结果分析

3.1　测 试 方 法

强烈破坏煤的瓦斯解吸过程模拟测试是在图 2-2 和图 2-3 所示的实验装置上完成的。在测定过程中,试样的解吸环境始终保持在温度 23±1 ℃、瓦斯出口压力 0.1 MPa(忽略瓦斯解吸量管内的水柱高度的影响),因此,可以认为试样的瓦斯解吸是等温等压解吸过程。

下面以图 2-3 中 1 号罐为例,简述煤样的瓦斯解吸测定实验步骤。

(1)试样准备

将采集到的原煤粉碎,用标准筛筛分成 0.17～0.25 mm、0.25～0.5 mm、0.5～1 mm 和 1～3 mm 四种粒级的试样,每一试样重量约 100 g;取某一粒级的试样 60～80 g,放入温度为 105 ℃的烘箱内加热干燥 3 h,脱去煤中水分;盛取适量的烘干试样装入 1 号罐中,装罐时应尽量装满压实,以减少罐内死空间;密封煤样罐。

(2)试样真空脱气

开启恒温水浴、真空泵和复合真空计,设定水浴温度为 60±1 ℃,打开煤样罐阀 A、阀 3 和阀 4,对煤样进行真空脱气,当复合真空计指示压力达到 20 Pa 时,关闭阀 3、阀 4 和真空泵。

(3)试样瓦斯吸附平衡

调整恒温水浴温度为 30±1 ℃;拧开高纯(浓度 99.9%)高压瓦斯钢瓶阀门、充气罐阀门 1 和煤样罐阀门 A,使高压瓦斯气进入充气罐和连通管,关闭阀 1,读取充气罐稳定压力值 P_1、室温 t_1 和大气压力 P_{01};缓慢拧开阀 2,使充气罐中瓦斯进入煤样罐中,当罐内瓦斯压力达到某一压力值时(其值可根据所要求的试样吸附平衡压力估算),迅速关闭阀 2,读取充气罐稳定压力值 P_2、室温 t_2 和大气压力 P_{02}。罐内煤样经过 8～48 h 的吸附后(吸附平衡时间与试样粒度有关),将达到吸附平衡状态,读取此时煤样罐平衡瓦斯压力 P_3 及大气压力 P_{03}。

(4)试样瓦斯解吸测定

① 保持恒温水浴温度为 23±1 ℃;关闭阀 A,拧开阀 3 和阀 4,排出连通管内游离高压甲烷。

② 准备好瓦斯解吸测定仪及计时秒表,测量记录气温和气压(测试过程中需测量 3～5 次)。

③ 拧开煤样罐阀 A,使煤样罐内游离瓦斯进入指定带刻度的量管内,当罐压力指示值为零时,迅速调节三通,使解吸的瓦斯进入另一指定带刻度的量管内,同时启动秒表开始计时。

④ 每隔 10 s 读取并记录解吸量管内的瓦斯量,解吸 30 min 后终止测试。

(5)测定数据处理

为了对比分析不同试样的瓦斯解吸特征,必须将实测的瓦斯解吸量换算成标准状态下的体积,换算公式如下:

$$Q_t = \frac{273.2}{101\ 325(273.2 + t_w)}(P_{atm} - 9.81h_w - P_s) \cdot Q'_t \tag{3-1}$$

式中 Q_t——标准状态下的瓦斯解吸总量,cm^3;

Q'_t——实验环境下实测瓦斯解吸总量,cm^3;

t_w——量管内水温,℃;

P_{atm}——大气压力,Pa;

h_w——读取数据时量管内水柱高度,mm;

P_s——t_w 下饱和水蒸气压力,Pa。

3.2 实验结果分析

在上述模拟实验装置上,对加工好的煤样分别进行不同粒度、不同吸附平衡压力和不同破坏类型的瓦斯解吸过程模拟测试。

3.2.1 粒度对构造煤瓦斯解吸规律的影响

为了考察粒度对构造煤瓦斯解吸规律的影响,分别对几组实验煤样在不同粒度、相同温度(30 ℃)和相同吸附平衡压力的条件下进行瓦斯解吸过程模拟测定,煤样粒度分别选取 0.17~0.25 mm、0.25~0.5 mm、0.5~1 mm 和 1~3 mm。

限于篇幅,在此,仅绘制了不同粒度的 1 号煤样瓦斯解吸总量随时间变化曲线,分别见图 3-1 至图 3-4,其他组煤样亦得到同样结论。

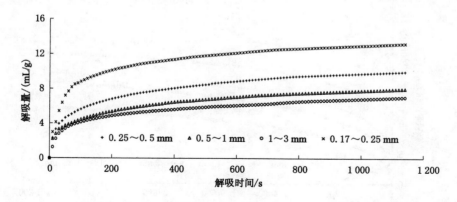

图 3-1 不同粒度 1 号煤样 0.5 MPa 压力下瓦斯解吸量随时间变化曲线

由图 3-1 至图 3-4 可知:无论何种粒度的煤样,其瓦斯解吸总量与时间的关系曲线属于有上限单调增函数;同一煤样在吸附平衡压力相同的条件下,试样的粒度越小,相同时段内的瓦斯解吸总量越大,初始阶段曲线的斜率越大。

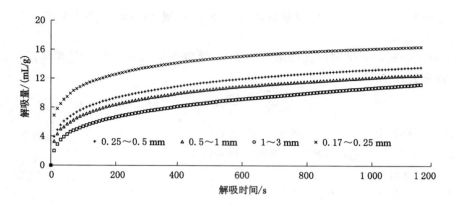

图 3-2　不同粒度 1 号煤样 1 MPa 压力下瓦斯解吸量随时间变化曲线

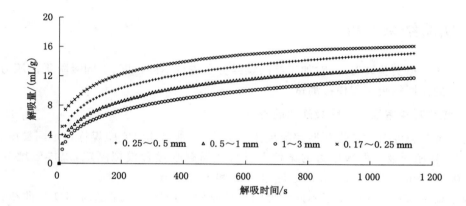

图 3-3　不同粒度 1 号煤样 1.5 MPa 压力下瓦斯解吸量随时间变化曲线

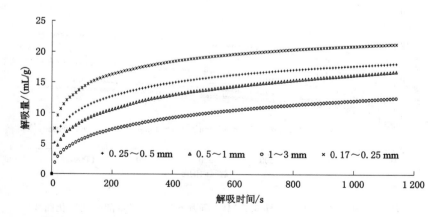

图 3-4　不同粒度 1 号煤样 2.5 MPa 压力下瓦斯解吸量随时间变化曲线

　　为了研究粒度与初始阶段瓦斯解吸速度的关系,表 3-1 统计了不同粒度的 1 号煤样第 1 分钟瓦斯解吸速度(V_1)。

表 3-1	1 号煤样第 1 分钟瓦斯解吸速度统计表			mL/(g·min)
粒度/mm	0.5 MPa	1.0 MPa	1.5 MPa	2.5 MPa
0.17~0.25	7.69	8.92	9.17	12.51
0.25~0.5	4.85	6.77	7.28	8.32
0.5~1	3.89	5.95	6.30	7.30
1~3	3.62	4.60	4.83	4.90

　　根据表 3-1,在吸附平衡压力 0.5 MPa 条件下,粒度为 0.17~0.25 mm 的煤样 V_1 值是 7.69 mL/(g·min),而粒度为 1~3 mm 的煤样 V_1 值仅 3.62 mL/(g·min),后者不足前者的二分之一,其他吸附平衡压力下的 V_1 值也存在这种现象。通过比较,可以发现在吸附平衡压力相同的情况下,粒度越小,V_1 值越大。这是由于粒度越小,同质量煤样的比表面积越大的因素造成的。通过回归分析(图 3-5),V_1 与平均粒径存在如下统计关系:

$$V_1 = A \cdot d^{-k_d} \tag{3-2}$$

式中　V_1——平均粒径为 d 的煤样第 1 分钟瓦斯解吸速度,mL/(g·min);

　　　A——平均粒径为 1 mm 的煤样第 1 分钟瓦斯解吸速度,mL/(g·min);

　　　d——煤样的平均粒径,mm;

　　　k_d——瓦斯解吸速度的粒度特性指数。

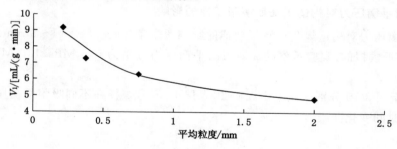

图 3-5　V_1 随煤样平均粒度变化曲线

　　为了研究不同粒度的煤样初始阶段瓦斯解吸量在前 20 分钟解吸总量中所占的比例,表 3-2 统计不同粒度煤样初始阶段解吸量占前 20 分钟解吸量的比值。从中分析可知,各粒度第 1 分钟的解吸量占前 20 分钟解吸总量的比值为:0.17~0.25 mm 粒度为 53.81%,0.25~0.5 mm 粒度为 47.24%,0.5~1.0 mm 粒度为 43.02%,1~3 mm 粒度为 40.05%;由前 5 分钟解吸量占前 20 分钟解吸量的比值可知:0.17~0.25 mm 粒度为 80.62%,0.25~0.5 mm 粒度为 74.50%,0.5~1.0 mm 粒度为 72.51%,1~3 mm 粒度为 68.41%。可以看出,在其他条件相同情况下,粒度越小,初始阶段瓦斯解吸量比例越大。因此,在测定瓦斯含量时,暴露时间一定的情况下,粒度越小,取样过程中损失的瓦斯量越大。我国现行的井下钻屑解吸法测定瓦斯含量时,采取煤样粒径大部分为 1~3 mm,说明其测定工艺是科学的。

表 3-2   初始解吸量与前 20 分钟解吸量的关系表

粒度/mm	Q_1/Q_{20}/%	Q_2/Q_{20}/%	Q_3/Q_{20}/%	Q_5/Q_{20}/%
0.17～0.25	53.81	65.12	72.03	80.62
0.25～0.5	47.24	58.60	65.48	74.50
0.5～1	43.02	54.47	61.64	72.51
1～3	40.05	51.33	58.71	68.41

备注:表中数据为 1.5 MPa 吸附平衡压力下的解吸数据,其中 Q_1、Q_2、Q_3、Q_5 分别为前 1、2、3、5 分钟内解吸总量。

综上所述,粒度对强烈破坏煤的瓦斯解吸过程有如下的影响:

(1)无论何种粒度的煤样,其瓦斯解吸总量与时间的关系曲线属于有上限单调增函数。

(2)同一煤样在吸附平衡压力相同的条件下,试样的粒度越小,相同时段内的瓦斯解吸总量越大。

(3)在吸附平衡压力相同的情况下,粒度越小,第 1 分钟瓦斯解吸速度越大,且 V_1 值与煤样平均粒径存在着"$V_1 = A \cdot d^{-k_d}$"的统计规律。

(4)在吸附平衡压力相同的情况下,粒度越小,初始阶段瓦斯解吸量比例越大。

(5)暴露时间一定的情况下,粒度越小,取样过程中损失的瓦斯量越大。我国现行的井下钻屑解吸法测定工艺是科学的。

3.2.2 吸附平衡压力对构造煤瓦斯解吸规律的影响

吸附平衡压力对构造煤瓦斯解吸规律的影响考察是在同一粒度(1～3 mm)煤样且等温(30 ℃)条件下模拟的,实验考察的瓦斯吸附平衡压力分别为 0.5 MPa、1.0 MPa、1.5 MPa 和 2.5 MPa。

图 3-6 至图 3-10 分别是九里山煤矿二₁煤层 1～5 号煤样在不同吸附平衡压力下的瓦斯解吸总量随时间变化曲线。

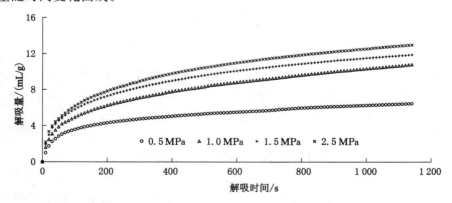

图 3-6   不同吸附平衡压力下 1 号煤样瓦斯解吸量随时间变化曲线

由图 3-6 至图 3-10 可知:无论吸附平衡压力多大,煤样的瓦斯解吸总量与时间的关系曲线总是单调有上限增函数;对同一煤样而言,瓦斯吸附平衡压力越大,煤样在相同时段的解吸瓦斯总量越大,初始阶段曲线的斜率越大。

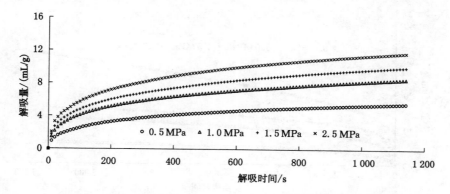

图 3-7　不同吸附平衡压力下 2 号煤样瓦斯解吸量随时间变化曲线

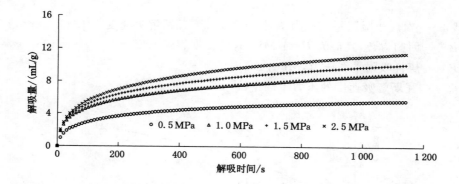

图 3-8　不同吸附平衡压力下 3 号煤样瓦斯解吸量随时间变化曲线

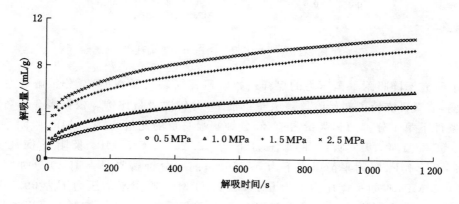

图 3-9　不同吸附平衡压力下 4 号煤样瓦斯解吸量随时间变化曲线

　　为了研究吸附平衡压力与初始阶段瓦斯解吸速度的关系,表 3-1 统计了 1 号煤样在不同吸附平衡压力条件下的第 1 分钟瓦斯解吸速度(V_1)。

　　根据表 3-1,在粒度相同的情况下,吸附平衡压力越大,第 1 分钟瓦斯解吸速度越大,即 V_1 值越大。通过回归分析(图 3-11),V_1 与吸附平衡压力存在如下统计关系:

$$V_1 = B \cdot P^{k_p}$$

(3-3)

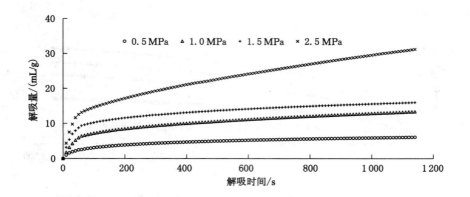

图 3-10　不同吸附平衡压力下 5 号煤样瓦斯解吸量随时间变化曲线

式中　V_1——对应于吸附平衡压力 P 下的第 1 min 瓦斯解吸速度，mL/(g·min)；

　　　B——回归常数，其值为 $P=1$ MPa 时的瓦斯解吸速度，mL/(g·min)；

　　　P——煤样吸附平衡压力，MPa；

　　　k_p——瓦斯解吸速度的压力特性指数。

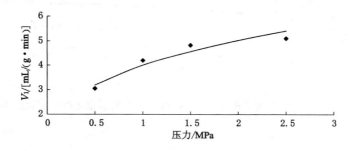

图 3-11　V_1 与吸附平衡压力关系曲线

　　为了研究不同吸附平衡压力的煤样初始阶段瓦斯解吸量在前 20 分钟解吸总量中所占的比例，表 3-3 统计了初始阶段解吸量占前 20 分钟解吸量比例。根据表 3-3，各吸附平衡压力条件下第 1 分钟的解吸量占前 20 分钟解吸总量的比值为：0.5 MPa 吸附平衡压力下为 34.95%，1.0 MPa 吸附平衡压力下为 42.25%，1.5 MPa 吸附平衡压力下为 50.57%，2.5 MPa 吸附平衡压力下为 57.66%；前 5 分钟解吸量占前 20 分钟解吸量的比值为：0.5 MPa 吸附平衡压力下为 62.78%，1.0 MPa 吸附平衡压力下为 69.01%，1.5 MPa 吸附平衡压力下为 71.48%，2.5 MPa 吸附平衡压力下为 80.20%。可以看出，在取样时间一定的情况下，煤层瓦斯压力（含量）越大，取样过程中损失的瓦斯量越大。在其他条件相同情况下，吸附平衡压力越大，初始阶段解吸量比例越大，也就是说，在其他条件相同情况下，煤层瓦斯压力（含量）越大，初始时间内瓦斯涌出比例越大，即越易发生瓦斯集中涌出现象。

表 3-3　　　　　　　　　　　　　初始解吸量与前 20 分钟解吸量的关系表

压力/MPa	Q_1/Q_{20}/%	Q_2/Q_{20}/%	Q_3/Q_{20}/%	Q_5/Q_{20}/%
0.5	34.95	44.98	52.43	62.78
1.0	42.25	52.82	59.62	69.01
1.5	50.57	58.44	63.88	71.48
2.5	57.66	68.98	73.76	80.20

备注:表中数据为 1~3 mm 粒度的 4 号煤样解吸数据,其中 Q_1、Q_2、Q_3、Q_5 分别为 1、2、3、5 分钟内解吸总量。

综上所述,吸附平衡压力对构造煤的瓦斯解吸过程具有如下的影响:

(1) 无论吸附平衡压力多大,煤样的瓦斯解吸总量与时间的关系曲线总是单调有上限增函数。

(2) 对同一煤样而言,瓦斯吸附平衡压力越大,煤样在相同时段的解吸瓦斯总量越大。

(3) 对同一煤样而言,吸附平衡压力越大,V_1 越大,发生瓦斯喷出、突出的危险性越大,V_1 与平衡压力存在"$V_1 = B \cdot P^{k_p}$"的统计规律。

(4) 在取样时间一定的情况下,煤层瓦斯压力(含量)越大,取样过程中损失的瓦斯量越大。

(5) 煤层破坏程度一定情况下,瓦斯压力(含量)越大,初始时间内瓦斯涌出比例越大,越易发生瓦斯集中涌出现象。

3.2.3　破坏程度对粒煤瓦斯解吸规律的影响

破坏程度对粒煤瓦斯解吸规律的影响考察是在等温、等压和等粒度条件下进行的。考虑到煤的坚固性系数在一定程度上反映了煤的破坏程度,因此,煤样的破坏程度由煤的坚固性系数来表述。实验考察的强烈破坏煤的坚固性系数分别为 0.15、0.17、0.23、0.26、0.45。

图 3-12 至图 3-15 分别是九里山煤矿不同破坏类型的煤样的瓦斯解吸总量随时间变化曲线。

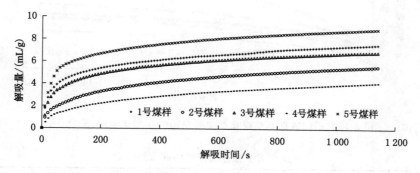

图 3-12　不同破坏类型煤瓦斯解吸量随时间变化曲线(0.5 MPa)

由图 3-12 至图 3-15 可知:无论是何种破坏程度煤样,煤样的瓦斯解吸总量与时间的关系曲线总是单调有上限增函数;在粒度和吸附平衡压力相同的情况下,煤样破坏程度越深,相同时段的解吸瓦斯总量越大,初始阶段的曲线斜率越大。为了研究初始阶段瓦斯解吸速度与煤样破坏程度的关系,表 3-4 统计了各煤样在相同吸附平衡压力条件下的第 1 分钟瓦斯解吸速度(V_1)。

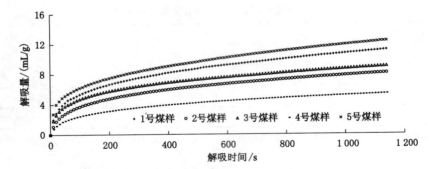

图 3-13　不同破坏类型煤瓦斯解吸量随时间变化曲线（1.0 MPa）

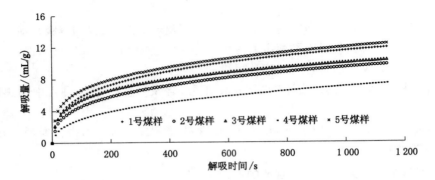

图 3-14　不同破坏类型煤瓦斯解吸量随时间变化曲线（1.5MPa）

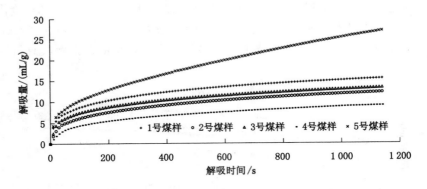

图 3-15　不同破坏类型煤瓦斯解吸量随时间变化曲线（2.5MPa）

表 3-4	各煤样第 1 分钟瓦斯解吸速度统计表			mL/(g·min)
f 值	0.5 MPa	1.0 MPa	1.5 MPa	2.5 MPa
0.15	3.24	6.38	9.31	13.13
0.17	3.05	4.20	4.83	5.10
0.23	2.43	4.01	4.29	4.61
0.26	2.06	3.41	3.99	4.77
0.45	1.91	2.52	3.49	4.32

　　根据表 3-4,在吸附平衡压力相同的情况下,煤样破坏越严重,初始阶段瓦斯解吸速度 (V_1)越大,通过对 1.5 MPa 吸附平衡压力条件下的不同破坏类型煤样 V_1 值比较,发现在压力相同的情况下,煤样破坏程度越深,V_1 越大,通过回归分析,V_1 与 f 值不存在显著的统计规律,这说明 V_1 除与煤的破坏类型有关外,还受其他因素控制。

　　为了研究不同破坏程度煤样初始阶段解吸量在前 20 分钟解吸量中占的比例,表 3-5 统计了初始解吸量与前 20 分钟解吸量的比值。从中分析可知,破坏程度不同的煤样第 1 分钟的解吸量分别占前 20 分钟解吸总量的比值为:$f=0.15$ 的煤样占 48.56%,$f=0.17$ 的煤样占 47.84%,$f=0.23$ 的煤样占 45.29%,$f=0.26$ 的煤样占 40.09%,$f=0.45$ 的煤样占 31.74%。可以看出,在其他条件相同情况下,煤层破坏越严重,初始阶段瓦斯解吸比例越大,也就是说,在取样时间一定情况下,煤样破坏程度越深,取样过程中损失的瓦斯量越大;其他条件相同情况下,煤层破坏程度越深,越易发生瓦斯集中涌出现象。

表 3-5　　　　　　　　　　　**初始解吸量与前 20 分钟解吸量的关系表**

f 值	$Q_1/Q_{20}/\%$	$Q_2/Q_{20}/\%$	$Q_3/Q_{20}/\%$	$Q_5/Q_{20}/\%$
0.15	48.56	58.08	64.28	72.97
0.17	47.84	57.99	64.18	72.54
0.23	45.29	55.32	61.96	70.76
0.26	40.09	51.10	58.70	68.83
0.45	31.74	39.05	44.58	53.87

备注:表中数据为 2.5 MPa 吸附平衡压力下的解吸数据,其中 Q_1、Q_2、Q_3、Q_5 分别为 1、2、3、5 分钟内解吸总量。

　　综上所述,破坏程度对煤的瓦斯解吸过程具有如下的影响:

　　(1) 无论是何种破坏程度煤样,煤样的瓦斯解吸总量与时间的关系曲线总是单调有上限增函数;

　　(2) 在粒度和吸附平衡压力相同的情况下,破坏程度越大,煤样在相同时段的解吸瓦斯总量越大;

　　(3) 煤的破坏程度越深,V_1 越大,V_1 除与煤的破坏类型有关外,还受其他因素控制;

　　(4) 在取样时间一定情况下,煤样破坏程度越深,取样过程中损失的瓦斯量越大;

　　(5) 吸附平衡压力一定时,煤层破坏越严重,初始阶段瓦斯解吸比例越大,越易发生瓦斯集中涌出现象。

第4章 经验公式回归及推算损失量误差

在长期治理与开发利用煤矿瓦斯的过程中,国内外不少学者对空气介质中颗粒煤的瓦斯解吸规律进行过大量的研究,提出了许多描述空气介质中等压解吸条件下煤的瓦斯解吸规律的经验公式,以下列出几种具有代表性的公式(见表 4-1)。

表 4-1　　描述空气介质中煤的瓦斯解吸过程中瓦斯放散量、放散速度表达式

序号	公式名称	累计解吸量公式	解吸速度公式	适用条件
1	巴雷尔式	$Q_t = K_1\sqrt{t}$	$V_t = 0.5K_1 t^{-0.5}$	$0 \leqslant \sqrt{t} \leqslant \dfrac{V}{2s}\sqrt{\dfrac{\pi}{D}}$
2	文特式	$Q_t = \dfrac{V_1}{1-k_t} t^{1-k_t}$	$V_t = V_1 (t)^{-k_t}$	$0 < k_t < 1$
3	乌斯基诺夫式	$Q_t = V_0 \left[\dfrac{(1+t)^{1-n}-1}{1-n} \right]$	$V_t = V_0 (1+t)^{-n}$	$0 < n < 1$
4	博特式	$\dfrac{Q_t}{Q_\infty} = 1 - Ae^{-\lambda t}$	$V_t = \lambda A Q_\infty e^{-\lambda t}$	
5	王佑安式	$Q_t = \dfrac{ABt}{1+Bt}$	$V_t = \dfrac{AB}{(1+Bt)^2}$	
6	孙重旭式	$Q_t = at^i$	$V_t = ait^{i-1}$	$0 < i < 1$
7	指数式	$Q_t = \dfrac{V_0}{b}(1 - e^{-bt})$	$V_t = V_0 e^{-bt}$	

在上述描述空气介质中煤的瓦斯解吸过程的经验公式中,是否均能理想地描述构造煤在空气介质中的瓦斯解吸过程呢? 如果不能的话,究竟哪一个或哪几个形式的公式能够较好地描述强烈破坏煤在空气介质中瓦斯解吸过程呢?

为了解决上述问题,本章以粒径 1～3 mm(与井下实际采集煤样相当的粒度)的构造煤解吸模拟测定结果为依据,对比考察上述七类经验公式描述强烈破坏煤短时间的瓦斯解吸规律的效果。

4.1　经验公式对累计瓦斯解吸量的描述

为了考察经验公式是否能够描述构造煤的瓦斯解吸过程,表 4-2 至表 4-6 分别统计了运用回归得到的经验公式计算的累计解吸量与实际累计解吸量的误差。

表 4-2   **1 号煤样不同时间累计瓦斯解吸量回归分析结果**

序号	公式名称	回归公式形式	3 min 段/(mL/g)			5 min 段/(mL/g)			10 min 段/(mL/g)			20 min 段/(mL/g)		
			Q_1	Q_0	$\gamma/\%$	Q_1	Q_0	$\gamma/\%$	Q_1	Q_0	$\gamma/\%$	Q_1	Q_0	$\gamma/\%$
1	巴雷尔式	$Q_t = K_1\sqrt{t}$	6.28		−11.36	6.99		−15.21	8.11		−19.47	9.27		−23.12
2	文特式	$Q_t = \dfrac{V_1}{1-k_t}t^{1-k_t}$	17.70		149.97	22.35		170.95	29.85		196.38	38.95		222.96
3	乌斯基诺夫式	$\dfrac{Q_t}{Q_\infty}=(1+t)^{1-n}-1$	4.82		−31.91	5.57		−32.52	6.80		−32.50	8.24		−31.65
4	博特式	$\dfrac{Q_t}{Q_\infty}=1-Ae^{-\lambda t}$	7.47	7.08	5.57	8.70	8.25	5.43	10.61	10.07	5.37	12.62	12.06	4.68
5	王佑安式	$Q_t = \dfrac{ABt}{1+Bt}$	6.38		−9.87	7.21		−12.60	8.47		−15.89	9.92		−17.78
6	孙重旭式	$Q_t = at^i$	7.20		1.67	8.37		1.44	10.20		1.29	12.23		1.42
7	指数式	$\dfrac{Q_t}{Q_\infty}=1-e^{-bt}$	4.64		−34.49	5.60		−32.15	7.10		−29.51	8.64		−28.36

备注:表中 Q_1 为经验公式推算累计解吸量,Q_2 为实际累计解吸量,γ 为推算误差。

表 4-3   **2 号煤样不同时间累计瓦斯解吸量回归分析结果**

序号	公式名称	回归公式形式	3 min 段/(mL/g)			5 min 段/(mL/g)			10 min 段/(mL/g)			20 min 段/(mL/g)		
			Q_1	Q_0	$\gamma/\%$	Q_1	Q_0	$\gamma/\%$	Q_1	Q_0	$\gamma/\%$	Q_1	Q_0	$\gamma/\%$
1	巴雷尔式	$Q_t = K_1\sqrt{t}$	5.31		−8.53	5.91		−12.89	6.66		−20.27	7.54		−25.45
2	文特式	$Q_t = \dfrac{V_1}{1-k_t}t^{1-k_t}$	15.36		164.90	19.09		181.18	25.08		200.39	32.31		219.26
3	乌斯基诺夫式	$\dfrac{Q_t}{Q_\infty}=(1+t)^{1-n}-1$	3.83		−33.90	4.52		−33.43	5.65		−32.30	7.11		−29.77
4	博特式	$\dfrac{Q_t}{Q_\infty}=1-Ae^{-\lambda t}$	6.12	5.80	5.45	7.21	6.79	6.16	8.86	8.35	6.16	10.56	10.12	4.31
5	王佑安式	$Q_t = \dfrac{ABt}{1+Bt}$	5.32		−8.32	6.02		−11.33	7.09		−15.08	8.35		−17.51
6	孙重旭式	$Q_t = at^i$	5.99		3.26	7.00		3.08	8.55		2.43	10.37		2.52
7	指数式	$\dfrac{Q_t}{Q_\infty}=1-e^{-bt}$	4.07		−29.77	4.79		−29.49	5.95		−28.72	7.36		−27.31

备注:表中 Q_1 为经验公式推算累计解吸量,Q_2 为实际累计解吸量,γ 为推算误差。

表 4-4　　　　　　　　**3 号煤样不同时间累计瓦斯解吸量回归分析结果**

序号	公式名称	回归公式形式	3 min 段/(mL/g)			5 min 段/(mL/g)			10 min 段/(mL/g)			20 min 段/(mL/g)		
			Q_1	Q_0	$\gamma/\%$	Q_1	Q_0	$\gamma/\%$	Q_1	Q_0	$\gamma/\%$	Q_1	Q_0	$\gamma/\%$
1	巴雷尔式	$Q_t = K_1\sqrt{t}$	4.96		−20.17	5.63		−21.87	6.66		−22.56	7.87		−23.25
2	文特式	$Q_t = \dfrac{V_1}{1-k_t}t^{1-k_t}$	16.66		168.32	20.73		187.86	27.37		218.23	35.24		243.84
3	乌斯基诺夫式	$\dfrac{Q_t}{Q_\infty} = (1+t)^{1-n}-1$	4.11		−33.86	4.75		−33.99	5.66		−34.22	6.83		−33.38
4	博特式	$\dfrac{Q_t}{Q_\infty} = 1-Ae^{-\lambda t}$	6.57	6.21	5.85	7.64	7.20	6.15	9.17	8.60	6.58	10.88	10.25	6.16
5	王佑安式	$Q_t = \dfrac{ABt}{1+Bt}$	5.68		−8.47	6.42		−10.85	7.47		−13.15	8.65		−15.61
6	孙重旭式	$Q_t = at^i$	6.43		3.54	7.46		3.66	8.93		3.81	10.56		3.05
7	指数式	$\dfrac{Q_t}{Q_\infty} = 1-e^{-bt}$	4.35		−29.88	5.02		−30.29	5.91		−31.25	7.04		−31.27

备注:表中 Q_1 为经验公式推算累计解吸量,Q_2 为实际累计解吸量,γ 为推算误差。

表 4-5　　　　　　　　**4 号煤样不同时间累计瓦斯解吸量回归分析结果**

序号	公式名称	回归公式形式	3 min 段/(mL/g)			5 min 段/(mL/g)			10 min 段/(mL/g)			20 min 段/(mL/g)		
			Q_1	Q_0	$\gamma/\%$	Q_1	Q_0	$\gamma/\%$	Q_1	Q_0	$\gamma/\%$	Q_1	Q_0	$\gamma/\%$
1	巴雷尔式	$Q_t = K_1\sqrt{t}$	4.03		−4.31	4.16		−16.70	5.13		−17.71	6.46		−18.43
2	文特式	$Q_t = \dfrac{V_1}{1-k_t}t^{1-k_t}$	11.57		174.79	14.05		181.49	18.17		191.73	23.22		193.13
3	乌斯基诺夫式	$\dfrac{Q_t}{Q_\infty} = (1+t)^{1-n}-1$	2.80		−33.37	3.45		−30.79	4.53		−27.33	6.09		−23.12
4	博特式	$\dfrac{Q_t}{Q_\infty} = 1-Ae^{-\lambda t}$	4.42	4.21	5.00	5.28	4.99	5.83	6.58	6.23	5.68	8.41	7.92	6.25
5	王佑安式	$Q_t = \dfrac{ABt}{1+Bt}$	3.71		−11.92	4.26		−14.63	5.13		−17.70	6.19		−21.82
6	孙重旭式	$Q_t = at^i$	4.24		0.79	5.05		1.11	5.30		−14.85	7.94		0.22
7	指数式	$\dfrac{Q_t}{Q_\infty} = 1-e^{-bt}$	2.80		−33.39	3.39		−31.97	4.31		−30.78	5.63		−28.87

备注:表中 Q_1 为经验公式推算累计解吸量,Q_2 为实际累计解吸量,γ 为推算误差。

表 4-6　　　　　　　　　　5 号煤样不同时间累计瓦斯解吸量回归分析结果

序号	公式名称	回归公式形式	3 min 段/(mL/g)			5 min 段/(mL/g)			10 min 段/(mL/g)			20 min 段/(mL/g)		
			Q_1	Q_0	$\gamma/\%$	Q_1	Q_0	$\gamma/\%$	Q_1	Q_0	$\gamma/\%$	Q_1	Q_0	$\gamma/\%$
1	巴雷尔式	$Q_t = K_1\sqrt{t}$	5.86		−16.88	6.48		−20.38	7.49		−23.84	8.78		−25.83
2	文特式	$Q_t = \dfrac{V_1}{1-k_t}t^{1-k_t}$	19.52		176.94	24.26		198.06	31.68		221.95	40.33		240.60
3	乌斯基诺夫式	$\dfrac{Q_t}{Q_\infty}=(1+t)^{1-n}-1$	4.48		−36.42	4.76		−41.51	6.28		−36.19	7.82		−33.99
4	博特式	$\dfrac{Q_t}{Q_\infty}=1-Ae^{-\lambda t}$	7.46	7.05	5.76	8.57	8.14	5.29	10.35	9.84	5.21	12.52	11.84	5.75
5	王佑安式	$Q_t = \dfrac{ABt}{1+Bt}$	6.57		−6.78	7.35		−9.73	8.52		−13.42	9.90		−16.36
6	孙重旭式	$Q_t = at^i$	7.34		4.13	8.44		3.67	10.11		2.77	12.10		2.18
7	指数式	$\dfrac{Q_t}{Q_\infty}=1-e^{-bt}$	4.86		−31.11	5.59		−31.32	6.80		−30.93	8.39		−29.16

备注：表中 Q_1 为经验公式推算累计解吸量，Q_2 为实际累计解吸量，γ 为推算误差。

　　分析表 4-2 至表 4-6 可知，巴雷尔式、文特式和王佑安式存在"随着时间的延长，推算累计解吸量与实际解吸量的误差逐渐增大"的趋势；从巴雷尔式推算不同煤样同一时段的误差可以看出，煤的破坏程度越深，推算误差越大；这些经验公式中，以博特式和孙重旭式的推算误差较小，其他经验公式的推算误差都较大，说明博特式和孙重旭式能够从累计解吸量上较好地描述强烈破坏煤瓦斯解吸过程。这与王佑安在研究煤屑瓦斯放散规律中得出的结论一致。

4.2　经验公式对瓦斯解吸速度回归分析

　　解吸速度公式大致可分为两大类：一类是幂函数，包括巴雷尔式、文特式、乌斯基诺夫式、王佑安式和孙重旭式；另一类是指数函数，包括博特式和指数式。

　　表 4-7 至表 4-11 分别为焦作矿区九里山煤矿二₁煤层煤样对解吸速度经验公式的拟合效果。

　　分析表 4-7 至表 4-11 的拟合效果，随着时间的延长，博特式和指数式拟合相关指数逐渐减小，说明时间越长，这两类经验公式越不能正确描述强烈破坏煤瓦斯解吸速度变化趋势；对比每个公式在不同时段的回归系数，除文特式回归系数变化较小外，其余六类经验公式的回归系数都变化较大，也就是说，不同时间段内，这六类经验公式所描述的强烈破坏煤瓦斯解吸速度变化形式一样，但变化量已发生较大变化。因此，在描述强烈破坏煤瓦斯解吸速度变化过程中，以文特式较为优越。

表 4-7　1 号煤样不同时间段瓦斯解吸速度回归分析结果

序号	公式名称	回归公式形式	1 min 回归系数	1 min 相关指数 R^2	3 min 回归系数	3 min 相关指数 R^2	5 min 回归系数	5 min 相关指数 R^2	10 min 回归系数	10 min 相关指数 R^2
1	巴雷尔式	$V_t = 0.5K_1 t^{-0.5}$	$K_1=1.0454$	0.9849	$K_1=0.993$	0.9856	$K_1=0.9517$	0.9804	$K_1=0.890$	0.968
2	文特式	$V_t = V_1(t)^{-k_t}$	$V_1=0.7088$ $k_t=0.7498$	0.9485	$V_1=0.822$ $k_t=0.808$	0.9674	$V_1=0.8413$ $k_t=0.8144$	0.9730	$V_1=0.846$ $k_t=0.815$	0.9679
3	乌斯基诺夫式	$V_t = V_0(1+t)^{-n}$	$V_0=14.184$ $n=3.3711$	0.9780	$V_0=8.171$ $n=1.890$	0.9124	$V_0=6.5351$ $n=1.5612$	0.9158	$V_0=4.962$ $n=1.270$	0.9185
4	博特式	$V_t = \lambda A Q_\infty e^{-\lambda t}$	$A=0.0084$ $\lambda=0.038$	0.9589	$A=0.011$ $\lambda=0.013$	0.816	$A=0.012$ $\lambda=0.008$	0.790	$A=0.014$ $\lambda=0.004$	0.7625
5	王佑安式	$V_t = \dfrac{AB}{(1+Bt)^2}$	$A=-15.6372$ $B=-3.8593$	0.9734	$A=3.321$ $B=-0.106$	0.899	$A=3.6853$ $B=-0.0744$	0.9242	$A=5.392$ $B=-0.005$	0.865
6	孙重旭式	$V_t = ait^{i-1}$	$a=2.8329$ $i=0.2502$	0.9485	$a=4.273$ $i=0.192$	0.9674	$a=4.5329$ $i=0.1856$	0.973	$a=4.581$ $i=0.185$	0.9679
7	指数式	$V_t = V_0 e^{-bt}$	$V_0=0.2134$ $b=0.0414$	0.9539	$V_0=0.089$ $b=0.013$	0.816	$V_0=0.0602$ $b=0.008$	0.790	$V_0=0.035$ $b=0.004$	0.7625

表 4-8　2 号煤样不同时间段瓦斯解吸速度回归分析结果

序号	公式名称	回归公式形式	1 min		3 min		5 min		10 min	
			回归系数	相关指数 R^2	回归系数	相关指数 R^2	回归系数	相关指数 R^2	回归系数	相关指数 R^2
1	巴雷尔式	$V_t = 0.5K_1 t^{-0.5}$	$K_1=0.994\,6$	0.979 2	$K_1=0.874$	0.970 3	$K_1=0.826\,1$	0.961 7	$K_1=0.763$	0.945 3
2	文特式	$V_t = V_1(t)^{-k_t}$	$V_1=0.755\,7$ $k_t=0.857$	0.959 8	$V_1=0.674$ $k_t=0.814$	0.959 2	$V_1=0.659\,8$ $k_t=0.807\,3$	0.956 4	$V_1=0.612$ $k_t=0.709$	0.943 9
3	乌斯基诺夫式	$V_t = V_0(1+t)^{-n}$	$V_0=11.876$ $n=3.523\,6$	0.945 3	$V_0=6.471$ $n=1.879$	0.881 2	$V_0=5.134\,1$ $n=1.533\,7$	0.884 0	$V_0=3.805$ $n=1.219$	0.880 9
4	博特式	$V_t = \lambda A Q_\infty e^{-\lambda t}$	$A=0.007\,3$ $\lambda=0.039\,3$	0.905 8	$A=0.009$ $\lambda=0.003$	0.782	$A=0.010\,5$ $\lambda=0.001\,2$	0.758 8	$A=0.012$ $\lambda=0.001$	0.719 2
5	王佑安式	$V_t = \dfrac{AB}{(1+Bt)^2}$	$A=1.433\,6$ $B=-0.312\,4$	0.981 3	$A=2.659$ $B=-0.113$	0.896	$A=2.989\,1$ $B=-0.077\,4$	0.854 8	$A=3.961$ $B=-0.031$	0.768 1
6	孙重旭式	$V_t = ait^{i-1}$	$a=5.284\,6$ $i=0.143$	0.959 8	$a=3.618$ $i=0.186$	0.959 2	$a=3.424\,0$ $i=0.192\,7$	0.956 4	$a=2.104\,5$ $i=0.290\,8$	0.943 9
7	指数式	$V_t = V_0 e^{-bt}$	$V_0=0.187\,4$ $b=0.046\,4$	0.928 9	$V_0=0.071$ $b=0.013$	0.782 2	$V_0=0.047\,6$ $b=0.007\,9$	0.758 8	$V_0=0.027$ $b=0.003\,9$	0.719 2

表 4-9　3 号煤样不同时间段瓦斯解吸速度回归分析结果

序号	公式名称	回归公式形式	1 min		3 min		5 min		10 min	
			回归系数	相关指数 R^2	回归系数	相关指数 R^2	回归系数	相关指数 R^2	回归系数	相关指数 R^2
1	巴雷尔式	$V_t=0.5K_1t^{-0.5}$	$K_1=1.0903$	0.9988	$K_1=0.956$	0.9809	$K_1=0.9034$	0.9714	$K_1=0.837$	0.955
2	文特式	$V_t=V_1(t)^{-k_t}$	$V_1=0.7697$ $k_t=0.8314$	0.9887	$V_1=0.771$ $k_t=0.830$	0.9815	$V_1=0.7917$ $k_t=0.8375$	0.9795	$V_1=0.872$ $k_t=0.862$	0.9613
3	乌斯基诺夫式	$V_t=V_0(1+t)^{-n}$	$V_0=12.957$ $n=3.545$	0.9734	$V_0=7.207$ $n=1.931$	0.9141	$V_0=5.7829$ $n=1.6025$	0.9184	$V_0=4.520$ $n=1.347$	0.983
4	博特式	$V_t=\lambda AQ_\infty e^{-\lambda t}$	$A=0.0066$ $\lambda=0.0398$	0.9436	$A=0.009$ $\lambda=0.013$	0.8139	$A=0.0093$ $\lambda=0.0083$	0.7973	$A=0.011$ $\lambda=0.004$	0.7693
5	王佑安式	$V_t=\dfrac{AB}{(1+Bt)^2}$	$A=24.7832$ $B=5.3556$	0.995	$A=3.245$ $B=-0.056$	0.9517	$A=3.2846$ $B=-0.05354$	0.9363	$A=3.675$ $B=-0.018$	0.8242
6	孙重旭式	$V_t=ait^{i-1}$	$a=4.5652$ $i=0.1686$	0.9887	$a=4.548$ $i=0.170$	0.9815	$a=4.872$ $i=0.1625$	0.9795	$a=6.295$ $i=0.139$	0.9615
7	指数式	$V_t=V_0e^{-bt}$	$V_0=0.1982$ $b=0.0448$	0.9499	$V_0=0.078$ $b=0.013$	0.8193	$V_0=0.0526$ $b=0.0083$	0.7973	$V_0=0.030$ $b=0.004$	0.7693

表 4-10　4 号煤样不同时间段瓦斯解吸速度回归分析结果

序号	公式名称	回归公式形式	1 min		3 min		5 min		10 min	
			回归系数	相关指数 R^2	回归系数	相关指数 R^2	回归系数	相关指数 R^2	回归系数	相关指数 R^2
1	巴雷尔式	$V_t=0.5K_1t^{-0.5}$	$K_1=0.8489$	0.9871	$K_1=0.672$	0.9433	$K_1=0.6256$	0.9307	$K_1=0.573$	0.9134
2	文特式	$V_t=V_1(t)^{-k_t}$	$V_1=0.6473$ $k_t=0.9421$	0.987	$V_1=0.398$ $k_t=0.759$	0.9785	$V_1=0.3789$ $k_t=0.7459$	0.9833	$V_1=0.378$ $k_t=0.745$	0.9709
3	乌斯基诺夫式	$V_t=V_0(1+t)^{-n}$	$V_0=7.9517$ $n=3.4555$	0.8691	$V_0=4.161$ $n=1.7095$	0.854	$V_0=3.358$ $n=1.395$	0.8808	$V_0=2.658$ $n=1.491$	0.9031
4	博特式	$V_t=\lambda AQ_\infty e^{-\lambda t}$	$A=0.00345$ $\lambda=0.038$	0.8101	$A=0.0047$ $\lambda=0.012$	0.7442	$A=0.00534$ $\lambda=0.0071$	0.7485	$A=0.035$ $\lambda=0.001$	0.7482
5	王佑安式	$V_t=\dfrac{AB}{(1+Bt)^2}$	$A=0.4638$ $B=-0.5182$	0.9556	$A=1.964$ $B=-0.154$	0.9741	$A=2.3969$ $B=-0.09564$	0.9747	$A=3.128$ $B=-0.039$	0.8882
6	孙重旭式	$V_t=ait^{i-1}$	$a=11.17962$ $i=0.0579$	0.987	$a=1.637$ $i=0.241$	0.9785	$a=1.4911$ $i=0.2541$	0.9833	$a=1.481$ $i=0.255$	0.9709
7	指数式	$V_t=V_0e^{-bt}$	$V_0=0.1336$ $b=0.0492$	0.8889	$V_0=0.047$ $b=0.0117$	0.7442	$V_0=0.0327$ $b=0.0071$	0.7485	$V_0=0.020$ $b=0.004$	0.7482

表4-11　5号煤样不同时间段瓦斯解吸速度回归分析结果

序号	公式名称	回归公式形式	1 min 回归系数	1 min 相关指数 R^2	3 min 回归系数	3 min 相关指数 R^2	5 min 回归系数	5 min 相关指数 R^2	10 min 回归系数	10 min 相关指数 R^2
1	巴雷尔式	$V_t=0.5K_1t^{-0.5}$	$K_1=1.243\,3$	0.979 9	$K_1=1.114$	0.976 8	$K_1=1.049\,3$	0.966	$K_1=0.964$	0.946
2	文特式	$V_t=V_1(t)^{-t}$	$V_1=0.940\,2$ $k_t=0.851\,2$	0.954 5	$V_1=0.978$ $k_t=0.965$	0.986 8	$V_1=0.940\,5$ $k_t=0.853\,8$	0.977 2	$V_1=0.833$ $k_t=0.823$	0.978
3	乌斯基诺夫式	$V_t=V_0(1+t)^{-n}$	$V_0=14.985$ $n=3.520\,2$	0.944 2	$V_0=8.478$ $n=2.014$	0.921	$V_0=6.535\,7$ $n=1.625\,8$	0.907 5	$V_0=4.672$ $n=1.278$	0.888
4	博特式	$V_t=\lambda AQ_\infty e^{-\lambda t}$	$A=0.007\,3$ $\lambda=0.039\,3$	0.905 6	$A=0.009$ $\lambda=0.014$	0.822 1	$A=0.009\,8$ $\lambda=0.008\,3$	0.778	$A=0.011$ $\lambda=0.004$	0.714 8
5	王佑安式	$V_t=\dfrac{AB}{(1+Bt)^2}$	$A=1.810$ $B=-0.311\,3$	0.966 3	$A=3.365$ $B=-0.639$	0.981 1	$A=3.787\,2$ $B=-0.040\,9$	0.903 6	$A=3.616$ $B=-0.056$	0.778 6
6	孙重旭式	$V_t=ait^{i-1}$	$a=6.318\,5$ $i=0.148\,8$	0.954 5	$a=7.251$ $i=0.135$	0.986 8	$a=6.433\,0$ $i=0.146\,2$	0.977 2	$a=5.378$ $i=0.157$	0.954 3
7	指数式	$V_t=V_0e^{-t_t}$	$V_0=0.235\,4$ $b=0.046\,1$	0.924 2	$V_0=0.090$ $b=0.014$	0.822 1	$V_0=0.058\,5$ $b=0.008\,3$	0.778	$V_0=0.032$ $b=0.004$	0.718 4

对比文特式对各煤样解吸速度回归结果可知,煤样的破坏程度越深,相同时段回归得到的 V_1 越大,可以运用文特式回归得到的 V_1 进行预测预报;另外,文特式能够较好地描述强烈破坏煤瓦斯解吸速度变化过程,说明文特式较适合破坏较严重的突出危险煤层,可以运用文特式来研究突出时的瓦斯作用机理与突出过程中瓦斯运移规律。

4.3　经验公式推算瓦斯损失量的误差与分析

据前所述,运用现行的井下钻屑解吸法测定强烈破坏煤瓦斯含量时,由指数式推算取样过程中的瓦斯损失量误差高达 46.43%～74.50%。而博特式和孙重旭式能够从累计解吸量上较好地描述强烈破坏煤瓦斯解吸过程,在描述强烈破坏煤瓦斯解吸速度变化过程中,文特式较为优越。那么,它们和余下的几类经验公式能否准确地推算强烈破坏煤取样过程中的瓦斯损失量呢?

下面以实验室模拟测得的煤样瓦斯解吸数据为基础,分析包括指数式在内的七类经验公式在推算强烈破坏煤煤样采集过程中瓦斯损失量的准确性与可靠程度。

具体研究方法如下:

① 实测不同煤样、不同破坏类型和不同吸附平衡压力下的煤样(粒度和现行钻屑解吸法所取试样粒度相当,$\phi = 1 \sim 3$ mm)瓦斯解吸总量随时间变化数据(t, Q_t)。

② 人为地从实测数据(t, Q_t)中去掉煤样初始解吸时段 $0 \sim t_0$ 所对应的累计瓦斯解吸量 Q_{t_0},形成新的瓦斯解吸测定数据($t, Q_t - Q_{t_0}$)。

③ 用上述七类经验公式分别对($t, Q_t - Q_{t_0}$)数据进行拟合回归,求出公式中的待定常数。

④ 用公式 $Q_t = f(t)$ 反算 $0 \sim t_0$ 初始解吸时段所对应的累计瓦斯解吸量计算值 Q'_{t_0}。

⑤ 比较上述公式计算出的 $0 \sim t_0$ 时段对应的瓦斯解吸量 Q'_{t_0} 和实际瓦斯解吸量 Q_{t_0} 的差异程度,分析它们在推算漏失瓦斯量时的误差。

采用上述方法,结合焦作矿区九里山煤矿二$_1$煤层煤样解吸测定数据,对上述七类经验公式推算煤样采集过程中的瓦斯漏失量的合理性与可靠性进行了考察。

表 4-12、表 4-13 为根据各时段拟合回归公式推算的煤样漏失瓦斯量及效果对比。

由表 4-12 和表 4-13 可以看出:无论采用七类经验公式中的哪一类经验公式,推算的损失量无一例外的偏小;随煤样破坏程度的加深,七类经验公式推算的损失量误差越大;在这几类经验公式中,巴雷尔式在推算强烈破坏煤采样过程中漏失瓦斯量的效果是最好的,即便如此,推算出的漏失瓦斯量也比实际值偏低 27%～57.17%,可见,七类经验公式都不能较准确地推算强烈破坏煤取样过程中的瓦斯损失量;除巴雷尔式外,其他各式推算的损失量误差随暴露时间的延长而增大。

表 4-12　1.5 MPa 吸附压力下各类经验公式推算损失量误差统计结果 (暴露时间 3 min)

煤样序号	公式名称	巴雷尔式	文特式	乌斯基诺夫式	博特式	王佑安式	孙重旭式	指数式
1 号煤样	推算值/(mL/g)	3.49	0.31	1.00	−0.63	0.24	0.31	0.26
	实际值/(mL/g)	7.08						
	误差/%	−50.71	−95.62	−85.88	−108.90	−96.61	−95.62	−96.33
2 号煤样	推算值/(mL/g)	2.94	0.27	1.00	−0.52	0.22	0.27	0.22
	实际值/(mL/g)	5.8						
	误差/%	−49.31	−95.34	−82.76	−108.97	−96.21	−95.34	−96.21
3 号煤样	推算值/(mL/g)	2.66	0.28	1.01	−0.41	0.01	0.18	0.26
	实际值/(mL/g)	6.21						
	误差/%	−57.17	−95.49	−83.74	−106.60	−99.84	−97.10	−95.81
4 号煤样	推算值/(mL/g)	2.37	0.20	1.00	−0.41	0.15	0.20	0.17
	实际值/(mL/g)	4.21						
	误差/%	−43.71	−95.25	−76.25	−109.74	−96.44	−95.25	−95.96
5 号煤样	推算值/(mL/g)	3.24	0.30	1.00	−0.53	0.25	0.30	0.24
	实际值/(mL/g)	7.05						
	误差/%	−54.04	−95.74	−85.82	−107.52	−96.45	−95.74	−96.60

表 4-13　1.5 MPa 吸附压力下各类经验公式推算损失量误差统计结果 (暴露时间 5 min)

煤样序号	公式名称	巴雷尔式	文特式	乌斯基诺夫式	博特式	王佑安式	孙重旭式	指数式
1 号煤样	推算值/(mL/g)	4.38	0.20	1.17	−1.47	0.16	0.20	0.07
	实际值/(mL/g)	8.25						
	误差/%	−46.91	−97.58	−85.82	−117.82	−98.06	−97.58	−99.15
2 号煤样	推算值/(mL/g)	3.76	0.16	1.13	−1.25	0.14	0.16	0.06
	实际值/(mL/g)	6.79						
	误差/%	−44.62	−97.64	−83.36	−118.41	−97.94	−97.64	−99.12
3 号煤样	推算值/(mL/g)	3.44	0.15	1.13	−1.13	0.12	0.15	0.07
	实际值/(mL/g)	7.20						
	误差/%	−52.22	−97.92	−84.31	−115.69	−98.33	−97.92	−99.03
4 号煤样	推算值/(mL/g)	2.94	0.13	1.11	−0.99	0.12	0.13	0.07
	实际值/(mL/g)	4.99						
	误差/%	−41.08	−97.39	−77.76	−119.84	−97.60	−97.39	−98.60
5 号煤样	推算值/(mL/g)	4.18	0.16	1.13	−1.29	0.09	0.16	0.05
	实际值/(mL/g)	8.14						
	误差/%	−48.65	−98.03	−86.12	−115.85	−98.89	−98.03	−99.39

第二篇
水分对粒煤瓦斯解吸影响规律

第 5 章　实验装置及煤样选择

5.1　实验装置

　　由前述可知,在进行水分对煤的瓦斯解吸影响实验中,部分学者在常规的实验装置上采用先湿润煤样,后对湿润煤样进行吸附平衡,最后进行解吸测试的方法。这种实验方法忽略了煤层实施注水前已吸附了大量瓦斯的事实,且煤体中吸附的瓦斯和解吸的瓦斯处于动态平衡状态,注水后,原有的平衡状态将被打破,实验过程与工程实践差别较大,由此得到的实验结果也难以准确解释工程实践中遇到的现象。也有部分学者对常规实验装置进行了改进,即在煤样罐上设置了注水孔,完善后的装置能够实现先对煤样吸附平衡,后对其进行注水,尽管该装置与常规装置相比取得了较大进步,但改进后的装置难以保证注水效果的均匀性。初步实验表明,在注水时如果不进行搅拌,煤样罐内水分含量分布极为不均匀,且相同注水条件下的注水效果差异性较大,实验重复性较差,由此获得的实验规律偶然性较强。为了使实验具有较强的重复性,能够准确获得水分对煤解吸瓦斯影响的一般规律,注水过程中应力求注水效果的均匀性。为此,研制了一套高压吸附状态下注水解吸测试装置,该装置能够对吸附高压瓦斯煤进行注水并搅拌,使水分能够较好地均匀湿润实验煤样,实验装置原理图见图 5-1,实验装置实物图见图 5-2。

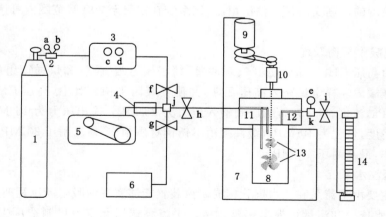

图 5-1　实验装置原理图

1——高压 CH_4;2——减压阀;3——参考罐;4——复合真空计;5——真空泵;6——平流泵;7——恒温油浴;

8——煤样罐;9——搅拌电机;10——搅拌装置;11——注水和进气口;12——出气口;13——搅拌叶片;

14——解吸仪;a~e——压力表;f~i——阀门;j——四通接头;k——三通接头

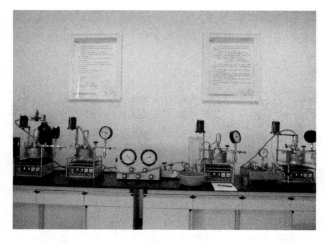

图 5-2　实验装置实物图

实验装置由脱气、恒温、充气、注水、搅拌和解吸测量六个系统构成，各系统构成及功能如下：

（1）真空脱气系统

该系统由真空泵、复合真空计和胶管组成，能够对系统管网、煤样罐及煤样脱气。复合真空计是成都睿宝电子科技有限公司生产的 ZDF-5201 型复合真空计，测量范围 $1.0 \times 10^5 \sim 1.0 \times 10^{-8}$ Pa；真空泵是上海万精泵阀有限公司生产的 2XZ-2 型直联旋片式真空泵，极限真空度 6.7×10^{-2} Pa。

（2）恒温系统

该系统由恒温油浴、电加热器、温度传感器组成。该装置主要保证实验过程中煤样罐温度恒定，避免温度变化对实验结果造成影响。其中，恒温油浴为保温容器，由电加热器根据温度传感器检测的数据实时保持油浴恒温，该系统在室温至 300 ℃ 范围内可调，装置能够智能化控温。

（3）充气吸附平衡系统

该系统由高压 CH_4 气瓶、减压阀、缓冲罐、精密压力表、胶管和煤样罐组成。该装置能够实现对煤样罐内煤样定量充入高压瓦斯，并使其吸附平衡。其中，高压 CH_4 气瓶内气体压力为 15 MPa，浓度 99.99%，减压阀输入压力为 25 MPa，输出压力为 15 MPa，精密压力表为 0.4 级精度，量程为 10 MPa，缓冲罐由不锈钢材质制作，最高耐压 20 MPa，煤样罐由不锈钢材质制作，最高耐压 40 MPa。

（4）高压注水系统

该系统主要由平流泵和注水铜管构成。该装置能够实现向吸附高压瓦斯的煤样注入外加水分，且注水压力和流量可根据实验调整。平流泵选用北京卫星制造厂生产的 2PB05C 型泵，该泵最大流量 5 mL/min，最高注水压力达到 40 MPa。

（5）搅拌系统

该系统由电机和搅拌叶片构成。装置能够在吸附高压瓦斯情况对煤样进行搅拌，搅拌过程中能够保证高压瓦斯不漏气，且搅拌电机转速可调。

（6）解吸测量系统

该系统主要由带刻度标尺的解吸量管组成。其作用是定量测定煤样的瓦斯解吸量。

5.2 煤样选择

依据中国煤炭分类标准,我国煤炭分类见图 5-3。

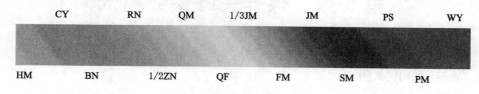

图 5-3 煤炭变质程度分类图

根据我国煤炭分类标准,褐煤、长焰煤、不黏煤、弱黏煤属于低变质程度煤种,1/2 中黏煤、气煤、气肥煤、1/3 焦煤、肥煤和焦煤属于中等变质程度煤种,瘦煤、贫瘦煤、贫煤和无烟煤属于高变质程度煤种。结合我国煤炭分类标准,同时考虑到选取的实验煤样应具有代表性,能够囊括所有不同变质程度煤种,本书拟选用低变质程度的长焰煤、中等变质程度的气煤、高变质程度的焦煤和无烟煤作为实验煤种。其中,长焰煤采自铁法矿区大隆矿(突出矿井),气煤采自淮北矿区祁南煤矿(突出矿井),焦煤采自山西离柳矿区高家庄煤矿(高瓦斯矿井),无烟煤采自山西晋城矿区永红煤矿(突出矿井)。

第 6 章　煤样关联参数测试

6.1　煤样工业分析

根据煤样制备标准,将采集的部分煤样制作成粒径小于 0.2 mm 的试样,按照煤的工业分析测试标准,利用 5E-MAG6600 全自动工业分析仪对实验煤样煤质参数进行测试。

采集的四种煤样工业分析测试结果见表 6-1。

表 6-1　　　　　　　　　　　　　实验煤样工业分析

煤样	采样地点	变质程度	水分/%	灰分/%	挥发分/%
YH 煤	永红 3 号煤层	无烟煤	1.50	16.92	7.06
GJZ 煤	高家庄 4 号煤层	焦煤	1.17	17.96	23.72
QN 煤	祁南 3 号煤层	气煤	2.25	18.60	34.66
DL 煤	大隆 13 号煤层	长焰煤	7.19	19.58	43.15

由表 6-1 可知,YH 煤的挥发分为 7.06%,GJZ 煤的挥发分为 23.72%,QN 煤的挥发分为 34.66%,DL 煤的挥发分为 43.15%。从测试结果来看,YH 煤属于高变质程度的无烟煤,GJZ 煤属于高变质程度的焦煤,QN 煤属于中等变质程度的气煤,DL 煤属于低变质程度的长焰煤。

6.2　煤样显微组分

煤的显微组分指的是煤在显微镜下能够辨识和区分的基本成分。按其成分和性质可分为无机显微组分和有机显微组分。其中,有机显微组分是在显微镜下观测到的由植物有机质转化而成的组分,根据煤形成前及形成过程中的原始物质、成因环境、观测到的特征和性质的差异,国际上又将煤的有机显微组分划分为镜质组、惰质组和壳质组,各显微组分特征分述如下:

(1) 镜质组

镜质组由植物的木质素、纤维素经凝胶化作用转化形成,它是腐植煤中最主要的显微组分。镜质组的裂隙发育,性脆,密度 1.27～1.80 g/cm³,中、微孔发育,孔径一般 50 nm～2 mm。我国煤的镜质组含量大多数在 55%～80%,镜质组中的氧含量最高,挥发分和氢含量处于壳质组和惰质组之间。

(2) 惰质组

惰质组是由植物的木质纤维组织经丝炭化作用转化而成,它是煤中第二位常见的显微组分。惰质组的碳含量和芳构化程度高,氧含量和氢含量低。

（3）壳质组

壳质组是由植物中化学稳定性较强的成分(高等植物的树皮、繁殖器官、分泌物及藻类)形成的,该组分在成煤过程中几乎没有发生质的变化。在各显微组分中,壳质组的氢含量、挥发分产率和产烃率最高,壳质组中富含脂肪酸、饱和烃、萜烯和甾类化合物,壳质组的密度较小。

煤的无机显微组分指的是显微镜观测到的矿物质。煤中含有许多种无机矿物组分,常见的有黏土类矿物、硫化物类矿物和碳酸盐类矿物等。

煤样的显微组分测试粒径要求为 0.2～0.25 mm,显微组分和矿物组分按照煤的显微组分和矿物测定方法进行测试,镜质组反射率按照煤的镜质体反射率显微镜测定方法进行测试。四种煤样的显微组分测试结果见表 6-2。

表 6-2　　　　　　　　　　　　　　实验煤样显微组分测试结果

煤样	采样地点	镜质组/%	惰质组/%	壳质组/%	矿物质/%	最大镜质组反射率 $R_{o,max}/\%$
YH 煤	永红 3 号煤层	49.72	45.34	0	4.94	3.049 3
GJZ 煤	高家庄 4 号煤层	66.15	27.04	0	6.81%	2.282 1
QN 煤	祁南 3 号煤层	72.94	22.59	0	4.57%	1.589 3
DL 煤	大隆 13 号煤层	58.30	2.25	0	39.45%	0.690 3

6.3　煤样孔径分布

煤是一种具有复杂结构的多孔介质,煤的孔隙结构是其物理结构的重要组成部分,也是煤层储集层的最根本特征。煤对瓦斯的吸附主要包括渗流、扩散和吸附三个过程,即在一定瓦斯压力梯度下,甲烷分子首先在大孔系统中渗流,在煤基质外表面形成甲烷气膜,处于煤基质外围空间的甲烷分子穿过气膜,扩散至煤基质表面,进入煤基质的微孔隙中被煤基质表面所吸附,一部分被吸附的甲烷分子沿着颗粒内的孔隙向内部继续扩散,即孔隙内扩散,内扩散过程决定吸附快慢。可见,孔隙结构决定了煤的吸附性和渗透性,进而影响煤层瓦斯的吸附与运移。为此,国内外专家学者通过分析煤的孔隙特征来研究煤的吸附和解吸特性。

煤的孔隙是成煤过程中受到自然界各种应力影响造成的,根据成因的不同,Can 将其分为煤植体孔、分子间孔、热成因孔和裂缝孔。郝琦将其分为气孔、植物组织孔、晶间孔、粒间孔、铸模孔和溶蚀孔等。朱兴珊将其分为颗粒间孔、矿物溶蚀孔、植物组织孔、胶体收缩孔、层间孔和变质气孔。张慧以煤岩显微组分和煤的变质特征为基础,将煤孔隙划分为四大类十小类,其分类见表 6-3。

表 6-3 孔隙类型及其成因

孔隙类型		成因概述
原生孔	胞腔孔	成煤植物本身具有的细胞结构孔
	屑间孔	镜屑体、惰屑体和壳屑体等碎屑颗粒间的孔
变质孔	链间孔	凝胶化物质在变质作用下缩聚而形成的链之间的孔
	气孔	煤变质作用过程中由生气和聚气作用而形成的孔
外生孔	角砾孔	煤受构造应力破坏而形成的角砾之间的孔
	碎粒孔	煤受构造应力破坏而形成的碎粒之间的孔
	摩擦孔	压应力作用下由面与面之间摩擦形成的孔
矿物质孔	铸模孔	煤中矿物质在有机质中因硬度的差异而铸成的印坑
	溶蚀孔	可溶性矿物质在长期气、水作用下受溶蚀而形成的孔
	晶间孔	矿物晶粒之间的孔

煤中孔隙大小差别较大,最小的孔低至纳米级(10^{-9} m),最大的孔大至毫米级。经过多年研究,目前对煤的孔径主要分类见表 6-4。

表 6-4 孔隙大小分类

分类方案	微孔/nm	过渡孔/nm	中孔/nm	大孔/nm
霍多特(1961)	<10	10～100	100～1 000	>1 000
Dubinin(1966)	<2	2～20	—	>20
Can 等(1972)	<1.2	1.2～30	—	>30
IUPAC(1978)	<2	2～50	—	>50
朱之培(1982)	<12	12～30	—	>30
抚顺所(1985)	<8	8～100	—	>100
Gris 等(1987)	<0.8	0.8～2.0	2.0～50	>50
吴俊(1991)	<10	10～100	100～1 000	1 000～15 000
杨思敬(1991)	<10	10～50	50～750	>750
秦勇	<15	10～50	50～450	>450

在表 6-4 的分类方法中,霍多特根据固体孔径范围与固气作用效应,提出的煤孔隙大小分类方案被我国学者广泛认可,在此基础上,俞启香又把煤中孔隙分类中的大孔进行了细化:

微孔——直径<10 nm,构成煤中的吸附容积;

小孔——直径 10～100 nm,构成毛细管凝结和瓦斯扩散空间;

中空——直径 100～1 000 nm,构成缓慢的层流渗透区间;

大孔——直径 1 000～100 000 nm,构成强烈的层流渗透区间,并决定了具有强烈破坏结构煤的破坏面;

可见孔及裂隙——直径>100 000 nm,构成层流和紊流混合渗流的区间,并决定了煤的宏观破坏面。

6.3.1　孔隙定性分析

常用扫描电镜对煤的孔隙进行定性分析,在扫描电镜下可以观察到煤的孔隙包括生物孔(胞腔孔)、粒间孔、气孔、大分子结构孔和裂隙等。

将采集的煤样制作成 1 cm 左右的块煤,将观测面朝上固定于铁片上,要求观测面为原始层面,不受人为破坏影响,然后利用 FEI-QUANTA 250 环境扫描电子显微镜在低真空环境下对观测面进行观测,观测图像见图 6-1。

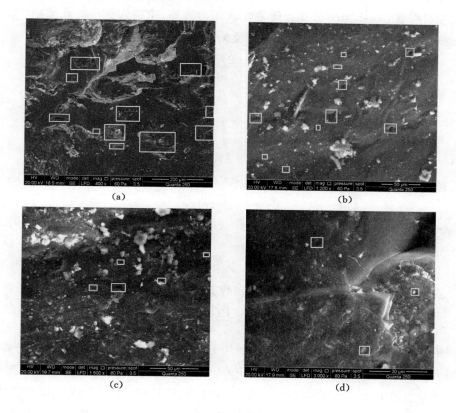

图 6-1　煤样扫描电镜图像
(a) YH 煤;(b) GJZ 煤;(c) QN 煤;(d) DL 煤

从图 6-1 可以看出,YH 煤、GJZ 煤、QN 煤和 DL 煤的大孔均较发育,从煤样中的孔形状来看,YH 煤观测面上孔多而连续,属于煤化过程中气体溢出留下的气孔,气孔密集成群出现说明当时成气作用较为强烈,较多的气孔为瓦斯储集提供了丰富空间,使得该煤具有较强的吸附能力。GJZ 煤和 QN 煤也含较多气孔,但气孔分布并不密集,说明当时成气作用无YH 煤强烈。DL 煤观测面上的孔属于溶蚀孔,部分孔中仍能看到充填的碳酸盐类矿物和黏土矿物,形成该类孔的煤孔隙尤其是大孔较为发育。

6.3.2　孔径定量测试

煤的孔径测试目前最为广泛采用的方法是压汞法。研究表明,在各类液体中,汞的表面张力最大,几乎难以润湿所有的固体。因此,在不断增加压力的情况下,汞逐渐进入固体的孔隙中,进入汞的体积是施加外力的函数,可通过外力作用下的进汞量研究固体孔径分布。

采用压汞法测定固体孔径分布时,需作以下假设:

(1) 汞不能润湿测试样品,且汞对测试样品的接触角恒定;

(2) 汞的表面张力恒定;

(3) 样品不可压缩;

(4) 样品强度足够大,不易破碎,不会因为注入高压汞而产生变形。

由于煤是一种多孔介质,且汞难以润湿煤样,基于上述假设,汞在外界压力作用下侵入到煤的孔隙时符合 Washburn 公式。随着注入压力升高,汞进入更小的孔隙中。将煤的孔隙按照圆筒形考虑,注入汞的压力与煤的孔径关系为:

$$r = \frac{-2\gamma\cos\theta}{P} \tag{6-1}$$

式中　r——孔隙半径,nm;

　　　γ——汞的表面张力,N/nm^2;

　　　θ——汞与煤的接触角,(°);

　　　P——注入汞压力,MPa。

设孔隙半径在 r 和 $r+\mathrm{d}r$ 之间的孔容积为 $\mathrm{d}v$,则:

$$\mathrm{d}v = -Dv(r)\mathrm{d}r \tag{6-2}$$

式中,$Dv(r)$ 为孔径分布函数。

设 γ 和 θ 不变,对式(6-2)进行全微分得:

$$P\mathrm{d}r + r\mathrm{d}P = 0 \tag{6-3}$$

联立式(6-1)与式(6-3),得到孔径分布函数为:

$$Dv(r) = \frac{P(\mathrm{d}v/\mathrm{d}P)}{r} \tag{6-4}$$

可利用压入到煤孔隙中的汞体积和外加压力的关系,根据式(6-4)计算孔径分布。

利用美国麦克仪器公司的 AUTOPORE9505 压汞仪对四种煤样的孔径进行测试,该设备主要用于分析粉末或块状固体总孔容积、尺寸分布、样品堆积/真密度、流体传输性等物理性质,最高注入压力 228 MPa,孔径测量范围 5~360 000 nm,实验煤样粒度为 3~6 mm。为避免水分对测试结果的影响,测试前对煤样进行干燥处理。测试结果见图 6-2。

由图 6-2 可知,当注入压力较小时,各煤样进汞量迅速增大到一定值,该值的大小能反映出煤样大孔发育程度。初始阶段,DL 煤的进汞量最大,说明 DL 煤的大孔比其他煤样发育。煤样注入汞量初始时刻发生跳跃后,随着注入汞的压力增大,汞逐渐进入中孔和微孔,各煤样进汞量随压力变化均呈现线性增加,增加的绝对量反映煤的中孔和小孔发育程度。

表 6-5 为各煤样孔容分布及所占比例,表 6-6 为各煤样比表面积分布及所占比例。

由表 6-5 可知,YH 煤、GJZ 煤、QN 煤和 DL 煤的各类孔分布中,大孔的孔容所占比例最大,均超过了 50%,其次为小孔和微孔,中孔孔容所占比例最小。从构成毛细管凝结和瓦斯扩散空间的小孔所占总孔容的比例来看,YH 煤最大,达到 20.16%,其余依次为 QN 煤、DL 煤,最小的为 GJZ 煤,仅有 2.02%。

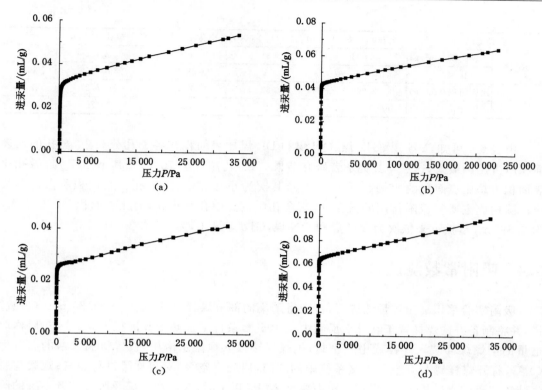

图 6-2 煤样进汞量曲线

(a) YH 煤;(b) GJZ 煤;(c) QN 煤;(d) DL 煤

表 6-5 　　　　　　　　　　　　　煤样孔容分布

孔径范围/nm		大孔(>1 000)	中孔(100~1 000)	小孔(10~100)	微孔(<10)	合计
YH 煤	孔容/(mL/g)	0.027 5	0.004 2	0.010 4	0.009 5	0.051 6
	比例/%	53.29	8.14	20.16	18.41	100
GJZ 煤	孔容/(mL/g)	0.042 4	0.002 2	0.001 3	0.018 5	0.064 4
	比例/%	65.84	3.42	2.02	28.73	100
QN 煤	孔容/(mL/g)	0.025	0.001 8	0.007 4	0.007 1	0.041 3
	比例/%	60.53	4.36	17.92	17.19	100
DL 煤	孔容/(mL/g)	0.063 8	0.003 4	0.014 6	0.017 9	0.099 7
	比例/%	63.99	3.41	14.64	17.95	100

表 6-6 　　　　　　　　　　　　　煤的比表面积分布

孔径范围/nm		大孔(>1 000)	中孔(100~1 000)	小孔(10~100)	微孔(<10)	合计
YH 煤	比表面积/(m²/g)	0.01	0.064	1.993	5.223	7.29
	比例/%	0.14	0.88	27.34	71.65	100.00
GJZ 煤	比表面积/(m²/g)	0.005	0.038	0.079	7.13	7.252
	比例/%	0.07	0.52	1.09	98.32	100

孔径范围/nm		大孔(>1 000)	中孔(100~1 000)	小孔(10~100)	微孔(<10)	合计
QN 煤	比表面积/(m²/g)	0.003	0.031	1.57	3.881	5.485
	比例/%	0.05	0.57	28.62	70.76	100
DL 煤	比表面积/(m²/g)	0.005	0.063	2.89	9.772	12.730
	比例/%	0.04	0.49	22.70	76.76	100

由表 6-6 可知,YH 煤、GJZ 煤、QN 煤和 DL 煤比表面积在各类孔分布中,微孔的比表面积所占比例最大,这点与其他学者研究结果一致,均超过了 70%,尤其是 GJZ 煤,微孔比表面积占总比表面积的比例高达 98.32%,其次为小孔和中孔,大孔比表面积所占比例最小。除构成主要起吸附作用的微孔外,其余孔(大孔、中孔和小孔)的比表面积 DL 煤最大,为 2.89 m²/g,接下来依次为 YH 煤和 QN 煤,GJZ 煤最小,为 0.079 m²/g。

6.4 吸附常数测试

吸附实验采用高压容量法进行,首先将采集的部分煤样制作成 0.2~0.25 mm 粒径试样,并将制备好的煤样置于红外干燥箱中在 105 ℃条件下加热 5 h 进行干燥。冷却后称取适量的干燥煤样装入煤样罐中并密封,把煤样罐放入恒温水浴中,设置恒温水浴的温度为60 ℃,打开煤样罐与真空泵连接系统中的阀门,启动真空泵,对煤样罐进行脱气;观察与脱气装置连接的真空压力表,当真空压力降至 20 Pa 以下时,关闭煤样罐及脱气装置系统的阀门;将恒温水浴调节到 30 ℃,打开 99.99%的高压甲烷钢瓶,向高压缓冲罐充气。当高压缓冲罐压力表示数高于拟实验压力 2 MPa 时,关闭钢瓶和缓冲罐阀门,然后向煤样罐充气,当煤样罐压力表显示值高于拟实验压力 30%时,关闭缓冲罐与煤样罐之间的阀门,使煤样罐中的煤样吸附平衡。利用煤样罐的阀门调节平衡压力至实验压力,压力表达到实验压力且8 h 内无变化时,认为煤样罐内煤样达到吸附平衡状态。在实验过程中记录吸附平衡后缓冲罐内气体压力和放出的气体体积,并记录实验环境大气压力。根据记录数据,计算吸附平衡时的吸附瓦斯量。重复上述步骤,得到各压力段平衡压力与吸附量,按逐次测得的平衡压力和吸附量作图,即为郎缪尔吸附等温线,然后利用最小二乘法求得吸附常数。

四种煤样的吸附常数测试结果见表 6-7。

表 6-7 吸附常数测试结果

煤样	吸附常数	
	$a/[(mL/(g \cdot r)]$	b/MPa^{-1}
YH 煤	45.249 0	1.174 0
GJZ 煤	23.753 0	0.830 0
QN 煤	34.905 1	0.708 1
DL 煤	40.259 7	0.668 7

由表 6-7 可知,四种煤样的吸附常数 a 为 23.753~45.249 mL/(g·r),吸附常数 b 为0.668 7~1.174 0 MPa^{-1}。从测试结果来看,YH 煤吸附能力最强,DL 煤和 QN 煤居中,GJZ 煤吸附能力最弱。

第 7 章 水分对煤解吸瓦斯影响实验

7.1 煤样合理粒径研究

实验室模拟现场注水对煤层瓦斯解吸规律影响时的可靠程度受煤样注水均匀程度影响,煤样吸附平衡时间决定实验效率。而无论是注水均匀程度,还是吸附平衡时间都受煤样粒径大小影响,因此,合理选用实验用煤样的粒径是保证模拟实验成功与否的关键。

为了获取注水实验用煤样合理粒径,在实验室分别对粒径为 0.20~0.25 mm、1~3 mm 和 3~6 mm 的煤样从吸附平衡时间和注水均匀程度两个方面进行了考察。

7.1.1 不同粒径煤样吸附平衡时间考察

为了研究不同粒径煤样的吸附平衡时间,分别对粒径为 0.20~0.25 mm、1~3 mm 和 3~6 mm 的 YH 煤样在 0.5 MPa、1.0 MPa 和 2.0 MPa 压力下的吸附平衡时间进行了测试。各粒径煤样在 0.5 MPa、1.0 MPa 和 2.0 MPa 压力下吸附平衡所用时间见图 7-1 和图 7-2。

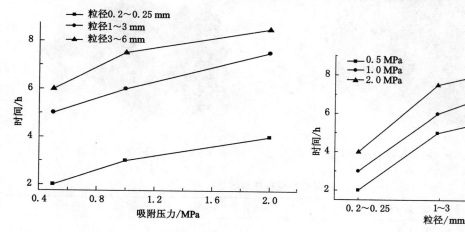

图 7-1　不同压力下煤样吸附平衡时间　　　　图 7-2　不同粒径煤样吸附平衡时间

由图 7-1 和图 7-2 可知,0.20~0.25 mm 粒径煤样在 0.5 MPa、1.0 MPa、2.0 MPa 压力下吸附平衡所需时间为 2 h、3 h、4 h,1~3 mm 粒径煤样在 0.5 MPa、1.0 MPa、2.0 MPa 压力下吸附平衡所需时间为 5h、6 h、7.5 h,3~6 mm 粒径煤样在 0.5 MPa、1.0 MPa、2.0 MPa 压力下吸附平衡所需时间为 6 h、7.5 h、8.5 h。由此可知,吸附平衡压力相同时,煤样粒径越小,所需吸附平衡时间越短,煤样粒径相同时,吸附平衡压力越大,所需吸附平衡时间越长。根据实验过程,在整个注水实验中,约 50% 以上的时间用于吸附平衡,因此,从节约实验时间、提高实验效率来看,应选取粒径较小的煤样进行实验。

7.1.2 不同粒径煤样注水效果考察

为了考察不同粒径煤样的注水效果,分别对粒径为 0.20～0.25 mm、1～3 mm 和 3～6 mm 的 YH 煤样进行了注水实验,为使水分充分湿润煤体,注水并搅拌后静置 8 h,同时为使测试结果具有一定的代表性,分别从每个煤样罐的不同层位、每个层位不同位置采取煤样进行测试,每个煤样罐内共采取六组煤样。取样位置见图 7-3。注水后煤样的实物效果见图 7-4 至图 7-6,注水后测试的水分含量结果见表 7-1。

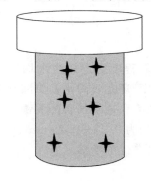

图 7-3　水分测试取样位置示意图

图 7-4　0.20～0.25 mm 煤样注水效果图

图 7-5　1～3 mm 煤样注水效果图

图 7-6　3～6 mm 煤样注水效果图

表 7-1　　　　　　　　　　　不同粒径煤样注水结果

测点位置	0.20～0.25 mm 粒径水分/%	1～3 mm 粒径水分/%	3～6 mm 粒径水分/%
上₁	1.68	7.97	6.01
上₂	1.88	8.1	5.54
中₁	12.79	10.87	7.55
中₂	13.02	12.02	7.69
下₁	18.54	15.89	13.58
下₂	18.4	15.62	11.56
平均水分	11.05	11.75	8.66
标准差	7.60	3.48	3.21

从图 7-4 可以看出,绝大部分粒径为 0.20～0.25 mm 的煤样未被水湿润,且湿润的煤样出现了 15 块左右的团状煤块,最大团状煤团长度约 3 cm,宽度约 2 cm,且形成的团块较为密实。密实的煤团作为一个整体,已改变了 0.20～0.25 mm 粒径煤样应用的属性,在解吸时,其瓦斯放散特性也将发生一定程度的改变。从图 7-5 可以看出,除上部煤样含水量稍小外,其余部位煤样湿润程度相差不大,且绝大部分粒径为 1～3 mm 的煤样已被水湿润,煤样中也有零星团状,但团状煤样颗粒较为明显,并无密实。从图 7-6 可以看出,除上部煤样含水量稍小外,其余部位煤样湿润程度相差不大,且几乎全部粒径为 3～6 mm 的煤样已被水湿润,煤样中没有出现明显团状,颗粒状明显。因此,从对不同粒径煤样的注水实物效果来看,粒径大的煤样湿润性较好,粒径小的煤样湿润性较差,且粒径小的煤样中出现了大量煤团,煤团在一定程度上将改变煤样的解吸特性,因此,应选取粒径较大煤样进行实验。

由表 7-1 可知,粒径为 0.20～0.25 mm 的煤样在注水并进行搅拌时,水分难以均匀湿润煤样,注水装置出水口及其下部的煤样含水量较大,上部及远离出水口处的煤样吸水较少,上部甚至不吸水,样品标准差(相对于平均值的离散程度)高达 7.60%。粒径为 1～3 mm 煤样湿润较为均匀,标准差为 3.48%,与粒径为 0.20～0.25 mm 的煤样相比,标准差减小了 54.21%,且除上部外,中、下部煤样湿润较为均匀。粒径 3～6 mm 煤样湿润效果最为均匀,标准差仅为 3.21%,与粒径 0.2～0.25 mm 和 1～3 mm 的煤样相比,分别降低了 57.76% 和 7.76%。从定量测试结果来看,粒径越大的煤样注水均匀性越好,粒径越小的煤样注水均匀性越差,因此,应选用粒径较大的煤样进行实验。

综上可知,粒径越小的煤样,吸附瓦斯平衡所需时间越短,但在注水时难以均匀湿润不同层位的煤样,且易产生团块,从而改变了煤样的放散特性;粒径越大的煤样,尽管注水时能够均匀湿润煤样,但吸附瓦斯平衡所需时间较长,且受煤样罐空间限制,随着粒径的增加,将会导致水分难以均匀湿润整个颗粒煤块。从粒径 1～3 mm 煤样实验结果来看,该粒径煤样注水后既能够均匀分布于罐的各个层位,且又能使水分充分湿润煤体,吸附平衡时间也较为适中,因此,进行注水模拟实验时,选取 1～3 mm 粒径煤样。

7.2　实验装置注水均匀效果分析

为了考察装置注水均匀效果,分别选择了粒径为 1～3 mm 的 YH 煤和 QN 煤对进行搅拌和未进行搅拌时的外加水分分布情况进行了测试,搅拌煤样和未搅拌煤样的水分测试结果见图 7-7。

图 7-7 中,横坐标是煤样测点编号,1 号、2 号煤样采自煤样罐内上部煤层,3 号、4 号煤样采自煤样罐内中部煤层,5 号、6 号煤样采自煤样罐内底部煤层。YH 煤测试数据中,未搅拌煤样水分含量为 1.24%～17.18%,平均 7.58%,标准差为 11.05%;搅拌后煤样水分含量为 3.64%～9.70%,平均 5.73%,标准差为 6.59%。QN 煤测试数据中,未搅拌煤样水分含量为 1.65%～28.13%,平均 11.18%,标准差为 3.18%;搅拌后煤样水分含量为 7.97%～15.89%,平均 11.75%,标准差为 2.35%。标准差越大,说明煤样中水分含量分布差异越大,也就是说,在未搅拌的情况下,注水后煤中水分分布极为不均匀,经搅拌后,尽管各测点水分含量也不完全一致,但与未搅拌相比,水分含量分布均匀程度得到较大改善。由此可见,实验装置能够保证煤样注水的均匀效果。

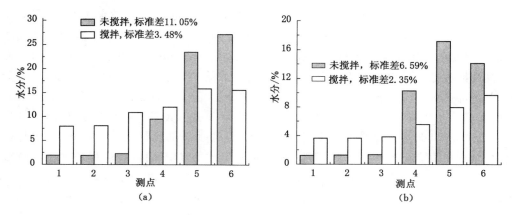

图 7-7　搅拌与未搅拌注水效果对比
（a）YH 煤；（b）QN 煤

7.3　实验方法

外加水分对煤解吸瓦斯影响实验在图 5-1 所示的装置上进行。实验过程中，使煤样解吸的瓦斯始终保持常压下进入量管，若忽略测定过程中环境大气压的变化，则可认为整个瓦斯解吸过程是在恒定的一个大气压下进行，实验环境温度通过空调系统调节，保持解吸过程的环境温度恒定。

根据《煤岩分析样品制备方法》（GB/T 16773—2008），将采集到的部分煤样制作成 1～3 mm 粒径试样，然后按照下列步骤进行实验：

（1）煤样干燥。将制备好的煤样置于红外干燥箱中在 105 ℃ 条件下加热 5 h 进行干燥，冷却后装入干燥皿中待用。

（2）煤样脱气。称取 60 g 干燥煤样装入置于恒温油浴的煤样罐中，恒温油浴温度设置为 60 ℃，启动脱气装置对煤样进行脱气，当煤样罐真空度降至 20 Pa 以下时关闭煤样罐阀门及脱气装置。

（3）煤样吸附平衡。将恒温油浴温度调至 30 ℃，对煤样罐中煤样充入纯度为 99.99％ 的甲烷气体，当煤样罐压力表显示值高于拟实验压力 30％ 时，关闭充气阀门，使煤样罐中的煤样吸附平衡，吸附平衡时间不低于 8 h。在平衡过程中不断调节煤样罐阀门，直至压力表示数稳定在拟实验压力，记录吸附平衡压力和实验环境大气压力及温度。

（4）煤样注水。启动注水装置和搅拌装置，向煤样罐内煤样注水，边注水边搅拌，注水量根据拟实验水分确定，注水结束后关闭注水装置。为使水分均匀湿润煤体，继续对煤样搅拌 30 min 后再关闭搅拌装置，注水后使煤样罐中煤样重新吸附平衡，吸附平衡时间不低于 8 h，并记录吸附平衡压力和实验环境大气压力及温度。

（5）煤样解吸。记录环境大气压力和温度。打开煤样罐与解吸测量装置阀门，使游离气体进入气袋，当煤样罐压力表示值降为 0 MPa 时，迅速旋转三通并启动计时装置，使解吸的瓦斯进入计量装置，解吸过程中每分钟读取计量装置内的累计解吸量，实验直至在一个大气压下 1 h 内的解吸量小于 0.06 mL/g 时结束，并视为煤样不再解吸。

（6）外加水分含量测定。实验后煤中外加水分含量采用直接测定法获得。即解吸实验结束后,迅速打开煤样罐,分别从煤样罐上部、中部和下部三个层位采取煤样,每个层位布置两个测点,每个煤样罐共采取六个煤样,取六个测点水分含量的平均值作为实验煤样含水量。

（7）测试数据处理。为了使实验数据具有可比性,需将测试的解吸数据换算为标准状态下的体积,换算公式为:

$$Q(t) = \frac{273.2}{101\,325(273.2 + T)}(P_0 - 9.81h_w - P_s) \cdot Q'(t) \tag{7-1}$$

式中　$Q(t)$——时间 t 内标准状态下瓦斯解吸量,mL/g;

　　　$Q'(t)$——室温下时间 t 内实测的瓦斯解吸量,mL/g;

　　　T——实验时量管内水的温度,℃;

　　　P_0——实验环境大气压力,Pa;

　　　h_w——实验时量管内水柱高度,mm;

　　　P_s——温度 T 时的饱和水蒸气压力,Pa。

7.4　实验过程分析

按照上述方法,在自制的高压吸附—注水—解吸测试装置上分别对 YH 煤、GJZ 煤、QN 煤和 DL 煤在实验温度 30 ℃、原始吸附平衡压力 0.5 MPa、0.84 MPa、1.5 MPa 和 2.5 MPa 条件下注入不同外加水分后的瓦斯解吸过程进行了测试。在注入外加水分过程中对煤样罐压力表示数变化情况进行了记录,图 7-8 至图 7-11 为 YH 煤、GJZ 煤、QN 煤和 DL 煤注水过程中压力表示数变化数据。

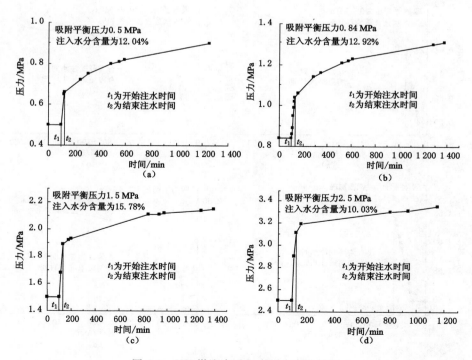

图 7-8　YH 煤注水过程中压力变化情况

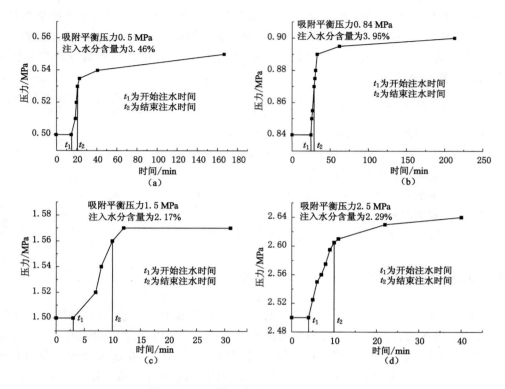

图 7-9　GJZ 煤注水过程中压力变化情况

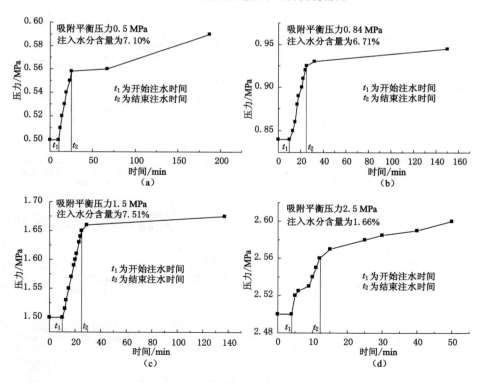

图 7-10　QN 煤注水过程中压力变化情况

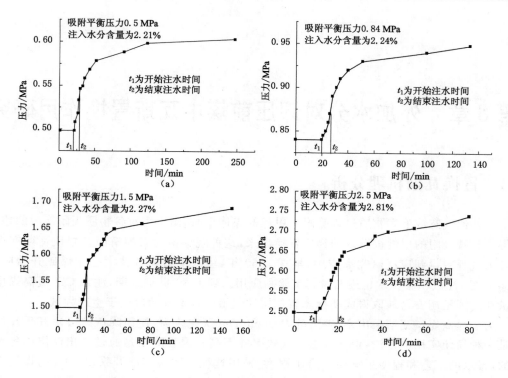

图 7-11　DL 煤注水过程中压力变化情况

由图 7-8 至图 7-11 可知,在向已吸附瓦斯平衡的煤样罐内注入外加水分过程中,YH 煤、GJZ 煤、QN 煤和 DL 煤的煤样罐内瓦斯压力均逐渐增高,停止注水后,煤样罐内瓦斯压力呈现出继续增高的趋势,最后稳定于高于原吸附平衡压力的一个值。煤样罐内瓦斯压力在注水过程中的增大若理解为由于液态水进入煤样罐占据了一定的空间,从而使煤样罐死空间减小,导致游离气体压力升高所致,那么,注水结束后已无液态水进入煤样罐,此时水对煤样罐内的死空间已不影响,煤样罐内的死空间也不再发生变化,但此时煤样罐内瓦斯压力仍保持增大趋势。究其原因,主要是因为水进入吸附瓦斯的煤样后,由于水分子更容易与煤基质结合,煤对水的吸附能力强于对甲烷的吸附能力,部分水分子置换了部分被吸附的甲烷分子,部分吸附的甲烷被置换解吸出来,使得煤样罐内游离气体增加,从而导致了煤样罐内瓦斯压力增大。很显然,水对煤样吸附甲烷的置换作用并不是从注水结束后才开始的,而是在水与煤接触后已开始对吸附的甲烷进行了置换。也就是说,在注入外加水分的过程中,部分被吸附的甲烷由于环境的改变发生了置换解吸。

根据前述的实验步骤,注入外加水后,待煤样重新吸附平衡后对其进行卸压解吸,即注水后,水对煤中甲烷置换解吸量不再发生变化时打开煤样罐阀门,放出煤样罐内游离气体和死空间内的甲烷,然后测试注入外加水分后煤卸压瓦斯解吸数据。在这个过程中,由于卸压作用改变了煤样所处的环境压力,使煤样吸附的瓦斯发生降压解吸。

综上可知,在整个实验过程中主要发生了两个类型的解吸,即置换解吸和卸压解吸,在从开始注入外加水分至重新吸附平衡这个时间段内,以置换解吸作用为主;打开煤样罐阀门使煤样卸压后发生的解吸以降压解吸为主。

第8章 外加水分对卸压前煤中瓦斯置换作用研究

8.1 置换瓦斯机理分析

当其他气态或液态物质进入吸附有甲烷的煤体中时,由于煤对各物质吸附能力的差异,使得部分被吸附的甲烷被置入的物质置换出来,这种现象即为置换解吸。置换瓦斯在煤层气开采过程中得到广泛研究和应用,早在 1960 年,注水增透驱替技术已在煤矿开始应用,1980 年后,注气驱替技术也逐渐得到实验和应用。到了 20 世纪末期,注入 CO_2 提高煤层气产量在美国圣胡安盆地取得成功标志着煤层注气增产技术开始应用于生产领域。

为了提高煤层瓦斯采出率,美国的 Puri 和 Yee 研究认为,使用降压解吸法开采煤层瓦斯是一种简便实用的方法,但该方法产气效率并不高。因为降压是通过排出储层中的水达到的,排水的工艺和程度影响煤层降压程度,采用这种方法最多能开采出 50% 的煤层气资源,为了提高煤层气资源的采出率,他们实验证实了注气可以提高煤层瓦斯的采出率。美国的 Clarkson 和加拿大的 Bustin 研究认为,在煤层气生产期间,可以通过向煤层中注入非甲烷气体来与甲烷竞争吸附空间,促使煤层中的甲烷解吸,以此来提高煤层气的产出率。与甲烷相比,二氧化碳气体更易被煤体吸附,因此,注入二氧化碳可以较好地提高瓦斯采收率。Reznik 等人在注入压力 5.516 MPa、温度 15～20 ℃条件下向已吸附甲烷的烟煤注入高压 CO_2,注入后,甲烷的采收率明显增加,注入的 CO_2 能够使甲烷采收率增加 2～3 倍,且注入压力越高,甲烷的采收率越大,他们实验证明了煤层注入 CO_2 能够置换已吸附的甲烷。Tuyi 等人针对中国煤层气产气率低和日益严峻的环境问题,在实验室对煤吸附 CH_4、CO_2 和 N_2 的特性分别进行了研究,并分析了注入 CO_2 和 N_2 对煤层甲烷的置换机理,他们认为,气体的临界温度越高,在相同的压力下吸附能力越强。CO_2 具有较强的吸附能力,因此,注入的 CO_2 能够占据煤孔表面上的吸附位,以此置换出甲烷,达到提高甲烷采出率的目的,且随着注入 CO_2 量的增加,甲烷置换量增大,但注入气体达到一定量时,对采出率无影响。Yangtao 等人针对中国煤层高压、低透气性的特点,从采矿安全角度出发,实验研究了向煤层中注入 CO_2 置换煤层甲烷,他们认为超临界 CO_2 改变了煤的孔隙特性和渗流通道,因此,甲烷能够快速有效地从煤中解吸出来。Zhang Dengfeng 等人通过向吸附甲烷的煤体注入 CO_2,证明了注入的 CO_2 能够促使吸附的甲烷解吸出来。Yukuo Katayama 研究认为,由于 CO_2 在煤中的吸附能力比 CH_4 的吸附能力大,因此,可以向煤层注入 CO_2 提高 CH_4 的采收率。Hemant Kumar 等人通过对注入 CO_2 时煤层瓦斯压力和渗透性的变化研究发现,在实验气体压力 1～8 MPa,煤样水分含量 1%～9%,实验最大有效外加应力 10 MPa 条件下,水分含量、气体组分和有效应力是注气置换甲烷的关键参数。Marco Mazzotti 等人论述了向煤层中注入超临界的 CO_2 通过发生吸附/解吸作用把甲烷置换出来,同时达到采集甲烷资源

和封存 CO_2 的目的。Frank 等人认为,煤庞大的内比表面积使其具有较强的吸附能力,从而能够储存一定量的气体,在原始状态下,煤的内表面吸附了大量的瓦斯,煤层瓦斯可以被注入的 CO_2 置换出来,达到增加煤层开采的安全性和提高煤层瓦斯采出率的目的,同时还能封存 CO_2。Wei Xiaorong 等人认为,可以通过向煤层中注入 N_2、CO_2 和烟道气(N_2 和 CO_2 的混合气)三种气体提高煤层甲烷采出率。W. D. Gunter 等人通过现场测试认为,向煤层中注入 CO_2 增加煤层气采出率的效果比注入 N_2 好。Mazumder 等人在温度 45 ℃、注入压力 9 MPa 条件下向煤层中注入 CO_2、N_2 和烟道气,得到 CO_2、N_2 和烟道气对煤层甲烷具有置换作用。Jessen 等人在实验室模拟了二元混合气和三元混合气在 22 ℃、4.14 MPa 压力下的扩散和流动,证明了煤对不同气体吸附存在差异性。Busch 等人研究煤与 CH_4 和 CO_2 的相同温度下的吸附,他们认为煤吸附 CO_2 的能力大于吸附 CH_4 的能力;Clarkson 等人通过实验并采用吸附速率模型计算,也得出 CO_2 在煤表面的吸附比 CH_4 大的结论。

张遂安在对比分析煤层气吸附与解吸差异基础上,对煤层气解吸条件和解吸类型进行了探讨,他认为煤层气解吸过程中存在置换解吸,即水分子置换了处于吸附态的 CH_4 分子。他还证明了 CO_2 置换煤层 CH_4 现象的存在,发现了"竞争吸附与弱势解吸"的基本规律,并考察了沁水盆地南部已抽采 5 年的 TL-003 井进行注 CO_2 置换煤层 CH_4 效果,在工程上证明了 CO_2 能够置换煤层 CH_4 的事实。

杨宏民对 N_2、CO_2、CH_4 以及它们的混合气体吸附—解吸规律、气体之间的竞争吸附和置换吸附规律进行了实验研究,他认为这三种气体吸附能力由大到小的顺序为 $CO_2 > CH_4 > N_2$,通过数值模拟得出在自然排放条件下,注入 N_2 能使钻孔纯甲烷流量增加 29.5 倍,注入 CO_2 能使钻孔纯甲烷流量增加 37.54 倍,配合抽采措施后,注入 N_2 增加幅度比采用排放和注气又提高了 8.34 倍,注入 CO_2 增加幅度比采用排放和注气又提高了 10.10 倍。同时他现场测试发现,在注气结合排放条件下,纯 CH_4 流量比注气前增加了 31.56~140.93 倍,在注气结合抽采条件下,纯 CH_4 抽采流量增加了 1.63~2.06 倍。由此他认为井下注气驱替/置换煤层甲烷的机理主要有注入气体的置换吸附—解吸作用、注气气流的载携作用、注气气流的稀释扩散作用和注气气流的膨胀增透作用,其中注入气体对甲烷的"携载"、"驱赶"作用占主导地位,而气体之间的"竞争吸附"和"置换吸附"起次要的作用。杨宏民等人通过实验证明了相同压力下煤对 CO_2 的吸附能力大于对 CH_4 的吸附能力,其原因是 CO_2 的沸点比 CH_4 的沸点高,沸点高的气体吸附势阱深,气体扩散速率小,煤对该气体的吸附能力也就越强。崔永君等人对煤吸附 CH_4、CO_2 单组分气体实验发现,煤对 CO_2 的吸附量远大于对 CH_4 的吸附量。降文萍等人用量子化学从头计算方法研究了煤表面与 CH_4 和 CO_2 分子间的作用能,他们认为煤对 CO_2 分子的吸附势阱远大于对 CH_4 分子吸附势阱,从微观上解释了煤对 CO_2 吸附能力大于吸附 CH_4 的现象。李建武等人的研究认为,煤表面对 H_2O 的吸附作用大于对 CH_4 的吸附;王宝俊等人选用褐煤、次烟煤、高挥发分烟煤、低挥发分烟煤和无烟煤 5 种煤表面结构模型,采用量子化学半经验方法,从分子水平描述了 H_2O、CO_2、CH_4 等气体在煤表面的吸附作用,计算了它们在煤表面的吸附能、吸附距离、吸附作用键级和净电荷变化等微观参数,并用 Morse 函数拟合了它们与煤表面的结合能曲线,得到了吸附作用强弱次序为:$H_2O > CO_2 > CH_4$。徐龙君等通过研究煤对气体的吸附量发现,气体的吸附能力为 $H_2 < CH_4 < CO_2$。

综上可知,人们无论从实验、工程还是理论角度都推导出煤吸附 H_2O、CH_4、CO_2 和 N_2

的能力并不相同,且验证实了煤吸附 H_2O、CH_4、CO_2 和 N_2 的能力有强到弱的顺序为 $H_2O>CO_2>CH_4>N_2$。而且发现了相同条件下吸附能力强的气体对吸附能力弱的气体存在置换现象。根据以往学者研究成果,发生置换解吸必须具备三个条件,即提供置换解吸场所的吸附位(吸附剂)、发生置换的吸附质和吸附剂与吸附质之间作用力存在差异性。对于吸附剂而言,表面应存在着大量能够吸附分子或原子的吸附位,这些吸附位均匀或不均匀地分布在固体内外表面;吸附质分子不是稳定地存在于某个位置或某种状态,它无时无刻不在运动;吸附剂与吸附质分子之间应有一定的作用力,作用力为引力,且吸附剂与不同吸附质之间的作用力大小存在差异。具备这三种条件以后,在吸附剂与吸附质引力的作用下,吸附质分子被吸附在吸附剂表面的吸附位上,吸附质分子时刻处于运动中,被吸附的吸附质分子和游离的吸附质分子状态并不是一成不变的,吸附平衡时吸附的吸附质分子和游离的吸附质分子处于动态交换中。充入与吸附剂作用力较强的另一种吸附质后,作用力较强的吸附质分子在力的作用下,将占据一部分吸附位,从而造成原游离态的弱吸附质分子难以被吸附。这三个条件犹如擂台比赛一样,吸附剂提供了比赛的擂台,吸附质分子为打擂者,能力强的打擂者在打擂中处于优势,能力弱的打擂者将被赶下擂台。同样,吸附能力强的气体也会把吸附能力弱的气体"赶下"吸附位,从而发生"置换解吸"。

8.2　置换强度分析

由前述可知,在向已吸附瓦斯平衡的煤样罐内注入外加水分过程中,YH 煤、GJZ 煤、QN 煤和 DL 煤的样罐内瓦斯压力均逐渐增高,煤样罐内瓦斯压力增高的主要原因有二,一是由于液态水进入煤样罐占据了一定的空间,减小了煤样罐死空间体积,从而导致游离气体压力升高;二是注入的水置换了部分被吸附的瓦斯,使得煤样罐内游离气体增加,从而导致了煤样罐内瓦斯压力增大。在整个实验过程中主要发生了置换解吸和卸压解吸,其中第一阶段以置换解吸为主,发生于开始注水至重新吸附平衡时间段内;第二阶段以卸压解吸为主,发生于煤样罐内瓦斯压力卸除后。

煤具有巨大的比表面积,为甲烷分子和水分子提供了大量的吸附位,注水前,甲烷分子占据着部分吸附位,且被吸附的甲烷分子和游离的甲烷分子处于动态交换中。注水后,由于煤与水分子之间的作用力大于煤与甲烷分子的作用力,在煤表面的吸附上,水的能力要大于甲烷的能力,因此,水与甲烷"打擂"的结果势必甲烷处于劣势,使得部分被吸附的甲烷被置换出来。

8.2.1　不同外加水分对吸附瓦斯的置换量

注入外加水分后,水分将置换处于吸附态的瓦斯,为了分析外加水分对吸附瓦斯的置换作用,对不同外加水分的置换量进行了测试,测试方法和测试结果如下:

8.2.1.1　测试方法

水对瓦斯的置换量可通过间接计算或直接测试获取。

间接法计算水对瓦斯的置换量方法如下:

根据 Maria 研究,30.15 ℃、1 个大气压下瓦斯的溶解度约为 0.03 mL/mL,桑树勋等人研究认为气压小于 20 MPa 时,水溶瓦斯量不会超过 1 mL/mL。因实验温度为 30 ℃,最大实验压力仅为 2.5 MPa,且实验注水量均较小,因此采用间接法计算水对瓦斯的置换量时,

可以认为实验过程中瓦斯未溶解于水。当吸附气体特定为瓦斯时,吸附量与气体温度、气体压力呈函数关系,即:

$$Q = f(T, P) \tag{8-1}$$

当温度恒定时:

$$Q = f(P)T \tag{8-2}$$

煤样罐压力表的示数为游离气体的压力,游离气体主要存在于煤样颗粒之间的空隙、煤样颗粒内部微细孔隙和煤样罐剩余的自由空间内。根据《煤的高压等温吸附试验方法》,煤样罐自由空间体积由下式计算:

$$V_f = V_0 - V_s \tag{8-3}$$

式中　V_f——自由空间体积,cm^3;

　　　V_0——煤样罐总体积,cm^3;

　　　V_s——煤样体积,cm^3。

煤样罐总体积通过抽真空法直接测定。测定步骤如下:

(1)密封煤样罐,并把煤样罐与真空泵连接。

(2)启动真空泵,对煤样罐进行脱气,当复合真空计显示煤样罐真空度低于 20 Pa 时,关闭真空泵停止脱气。

(3)向与煤样罐相连的量筒内充入一定量的 N_2,调整盛液瓶高度,当量筒的液面与盛液瓶的液面持平时读取量筒内气体体积 V_1。

(4)缓慢打开煤样罐与量筒之间的阀门,使量筒中的 N_2 缓慢进入煤样罐中,待压力平衡后再次调整盛液瓶的位置,使量筒的液面与盛液瓶的液面在一个水平面上,读取此时量筒中气体体积 V_2,同时记录大气压力 P 和实验室温度 T,则煤样罐的标准体积 V_0 按式(8-4)计算:

$$V_0 = \frac{T_0}{P_0} \cdot \frac{(V_1 - V_2) \cdot P}{T} \tag{8-4}$$

重复测定 3 次取其平均值作为煤样罐的标准体积。

煤样体积由式(8-5)计算获得:

$$V_s = \frac{P_2 \times V_2/Z_2 + P_3 \times V_3/Z_3 - P_1 \times V_1/Z_1}{P_2 \times T_3/(Z_2 \times T_2) - P_1 \times T_3/(Z_1 \times T_1)} \tag{8-5}$$

式中　V_s——煤样体积,cm^3;

　　　P_1——平衡后压力,MPa;

　　　P_2——参考罐初始压力,MPa;

　　　P_3——样品罐初始压力,MPa;

　　　T_1——平衡后温度,K;

　　　T_2——参考罐初始温度,K;

　　　T_3——样品罐初始温度,K;

　　　V_1——系统总体积,cm^3;

　　　V_2——参考罐体积,cm^3;

　　　V_3——样品罐体积,cm^3;

　　　Z_1——平衡条件下气体的压缩因子,无量纲;

　　　Z_2——参考罐初始气体的压缩因子,无量纲;

Z_3——样品罐初始气体的压缩因子,无量纲。

注水前后游离瓦斯在煤样罐自由空间内的平衡方程分别为:

$$P_{zq}V_{zq} = Z_{zq}n_{zq}RT_{zq} \tag{8-6}$$

$$P_{zh}V_{zh} = Z_{zh}n_{zh}RT_{zh} \tag{8-7}$$

式中　P_{zq}——注水前瓦斯吸附平衡压力,MPa;

　　　P_{zh}——注水后瓦斯吸附平衡压力,MPa;

　　　V_{zq}——注水前煤样罐自由空间体积,cm³;

　　　V_{zh}——注水后煤样罐自由空间体积,cm³;

　　　n_{zq}——注水前煤样罐内游离瓦斯气的摩尔数,mol;

　　　n_{zh}——注水后煤样罐内游离瓦斯气的摩尔数,mol;

　　　Z_{zq}——注水前平衡状态下瓦斯气体的压缩因子,无量纲;

　　　Z_{zh}——注水后平衡状态下瓦斯气体的压缩因子,无量纲;

　　　R——摩尔气体常数,J/(mol·K);

　　　T_{zq}——注水前平衡状态下实验温度,K;

　　　T_{zh}——注水后平衡状态下实验温度,K。

因实验压力较低,水视为不可压缩的液态,同时实验过程中利用恒温油浴保持煤样罐温度恒定,因此有:

$$V_{zq} = V_f = V_{zh} + V_{zs} \tag{8-8}$$

$$T_{zq} = T_{zh} = T \tag{8-9}$$

式中　T——实验时煤样罐温度,K;

　　　V_{zs}——注入煤样罐内水的体积,cm³。

注水后,游离气体增加量即为水对吸附瓦斯的置换量,由式(8-6)和式(8-7)得:

$$\Delta n = n_{zh} - n_{zq} = \frac{P_{zh}V_{zh}}{Z_{zh}T_{zh}R} - \frac{P_{zq}V_{zq}}{Z_{zq}T_{zq}R_{zq}} \tag{8-10}$$

结合式(8-8),则得:

$$\Delta n = \frac{1}{TR}\left[\frac{P_{zh}(V_f - V_{zs})}{Z_{zh}} - \frac{P_{zq}V_f}{Z_{zq}}\right] \tag{8-11}$$

则水对吸附瓦斯的置换体积为:

$$\Delta Q = \Delta V/m = \Delta n \times 22.4 \times 1\,000/m = \frac{22\,400}{TRm}\left[\frac{P_{zh}(V_f - V_{zs})}{Z_{zh}} - \frac{P_{zq}V_f}{Z_{zq}}\right] \tag{8-12}$$

式(8-12)中,R 为摩尔气体常数,T、P_{zh}、V_f、Z_{zh}、V_{zs}、P_{zq}、Z_{zq} 等数据可通过实验获得,因此,水对吸附瓦斯的置换量可通过式(8-12)间接计算获得。

直接法测试水对吸附瓦斯的置换量是在高压吸附状态下注水解吸测试装置上进行,实验步骤如下:

(1)煤样脱气。称取适量干燥煤样装入置于恒温油浴的煤样罐中,恒温油浴温度设置为 60 ℃,启动脱气装置对煤样进行脱气,当煤样罐真空度降至 20 Pa 以下时关闭煤样罐阀门及脱气装置。

(2)煤样吸附平衡。将恒温油浴温度调至 30 ℃,对煤样罐中煤样充入纯度为 99.99% 的甲烷气体,当煤样罐压力表显示值高于拟实验压力 30% 时,关闭充气阀门,使煤样罐中的煤样吸附平衡,吸附平衡时间不低于 8 h,在平衡过程中不断调节煤样罐阀门,直至压力表示数稳定在拟实验压力,记录实验压力 P_1 和温度 T_1。

（3）干燥煤样游离气体体积测试。干燥煤样吸附平衡时,首先记录环境大气压力和温度,打开煤样罐与解吸测量装置阀门,使游离气体进入气袋,当煤样罐压力表示数降为 0 MPa 时,关闭煤样罐与气袋之间的阀门,在量筒上测试气袋内游离气体体积 V_{gy}'。

（4）注水煤样游离气体体积测试。启动注水装置和搅拌装置,向煤样罐内煤样注水,边注水边搅拌,注水量根据拟实验水分确定,注水结束后关闭注水装置,为使水均匀湿润煤体,继续对煤样搅拌 30 min 后再关闭搅拌装置。注水后使煤样罐中煤样重新吸附平衡,吸附平衡时间不低于 8 h,并记录实验压力 P_2 和温度 T_2。打开煤样罐与解吸测量装置阀门,使游离气体进入气袋,当煤样罐压力表示数降为 0 MPa 时,关闭煤样罐与气袋之间的阀门,在量筒上测试气袋内游离气体体积 V_{sy}'。

（5）外加水分含量测定。解吸实验结束后,迅速打开煤样罐,分别从煤样罐上部、中部和下部三个层位采取煤样,每个层位布置两个测点,每个煤样罐共采取 6 个煤样,取 6 个测点水分含量的平均值作为实验煤样含水量。

（6）测定数据处理:

将实测的瓦斯解吸量换算成标准状态下的体积,换算公式如下:

$$V_{gy} = \frac{273.2}{101325(273.2 + T_1)}(P_1 - 9.81h_w - P_s) \cdot V_{gy}' \tag{8-13}$$

$$V_{sy} = \frac{273.2}{101\ 325(273.2 + T_2)}(P_2 - 9.81h_w - P_s) \cdot V_{sy}' \tag{8-14}$$

式中　V_{gy}——干燥煤样标准状态下瓦斯游离量,mL;

　　　V_{gy}'——干燥煤样室温下实测的瓦斯游离量,mL;

　　　T_1——干燥煤样实验环境温度,K;

　　　P_1——干燥煤样实验压力,Pa;

　　　V_{sy}——注水煤样标准状态下瓦斯游离量,mL;

　　　V_{sy}'——注水煤样室温下实测的瓦斯游离量,mL;

　　　T_2——注水煤样实验环境温度,K;

　　　P_2——注水煤样实验压力,Pa;

　　　h_w——实验时量管内水柱高度,mm;

　　　P_s——温度 T 时的饱和水蒸气压力,Pa。

（7）水对吸附瓦斯的置换量计算:

由式(8-13)和式(8-14),水对吸附瓦斯的置换量由下式计算获得:

$$\Delta Q = \Delta V_y/m = (V_{sy} - V_{gy})/m \tag{8-15}$$

8.2.1.2　测试结果

按照直接测试方法,测试了外加水分对 YH 煤、GJZ 煤、QN 煤和 DL 煤吸附瓦斯的置换量,测试结果见表 8-1。

由表 8-1 可以看出,0.5 MPa 吸附平衡压力下,外加水分对含水量分别为 0.96%、3.13%、7.06% 和 12.04% 的 YH 煤置换量依次为 0.3 mL/g、2.83 mL/g、7.30 mL/g 和 7.60 mL/g,随着外加水分的增加,水分对同一煤样的瓦斯置换量逐渐增大。YH 煤其他吸附平衡压力下和 GJZ 煤、QN 煤和 DL 煤的置换数据存在同样规律。可见,注入外加水分后,由于煤对水的吸附能力强于对瓦斯的吸附,水对处于吸附状态的瓦斯存在置换作用。

相同吸附平衡压力下外加水分对吸附瓦斯的置换量随外加水分含量变化趋势见图 8-1 至图 8-4。

表 8-1 　　　　　　　　　　　外加水分对煤吸附瓦斯的置换量

吸附平衡压力/MPa	YH煤		GJZ煤		QN煤		DL煤	
	含水量/%	置换解吸量/(mL/g)	含水量/%	置换解吸量/(mL/g)	含水量/%	置换解吸量/(mL/g)	含水量/%	置换解吸量/(mL/g)
0.5	0.00	0.00	0.00	0.00	0.00	0.00	0.00	0.00
	0.96	0.30	1.28	0.10	2.15	0.55	0.61	0.67
	3.13	2.83	3.46	0.13	5.30	1.40	4.69	0.85
	7.06	7.30	7.61	0.60	7.10	1.83	9.85	1.10
	12.04	7.60	10.21	0.90	9.14	2.27	10.94	1.63
0.84	0.00	0.00	0.00	0.00	0.00	0.00	0.00	0.00
	0.65	0.67	1.42	1.62	2.12	0.80	1.47	1.37
	2.81	5.70	3.95	1.88	5.75	1.47	2.24	2.13
	5.10	10.47	4.17	2.55	6.71	1.80	4.77	2.73
	8.39	11.00	9.81	1.95	10.54	2.27	10.07	3.20
1.5	0.00	0.00	0.00	0.00	0.00	0.00	0.00	0.00
	2.78	3.73	2.17	0.33	2.28	0.80	1.63	2.27
	3.77	7.35	3.44	0.47	5.35	1.33	4.76	3.57
	6.09	8.33	5.21	0.90	7.51	1.53	8.70	4.13
	15.78	10.97	9.43	0.60	10.97	2.27	11.61	5.33
2.5	0.00	0.00	0.00	0.00	0.00	0.00	0.00	0.00
	1.37	3.53	2.29	1.77	1.66	1.50	0.96	0.67
	4.33	6.27	6.01	2.53	4.86	4.13	2.81	1.47
	5.91	8.47	8.72	3.22	8.89	4.60	9.58	4.02
	10.03	11.88	10.47	3.57	21.49	5.33	11.94	5.17

由图 8-1 至图 8-4 可知,吸附平衡压力相同时,随着外加水分的增加,水分对 YH 煤、GJZ 煤、QN 煤和 DL 煤吸附瓦斯的置换量均呈现逐渐增大的趋势。但从增大幅度来看,初始外加水分的增加,导致置换量的大幅度增加,随着外加水分的进一步增大,增幅逐渐减小,在影响瓦斯置换量方面,存在一个极限外加水分,超过极限外加水分后,外加水分的进一步增加将对煤的置换瓦斯量影响较小。无论吸附平衡压力多大,外加水分对 YH 煤、GJZ 煤、QN 煤和 DL 煤吸附瓦斯的置换量均随着外加水分的增加逐渐增大。从置换量上来看,条件相近时,水分对 YH 煤吸附瓦斯的置换量最大,测试的外加水分 10.03% 煤样在 2.5 MPa 吸附平衡压力下的最大置换量达到 11.88 mL/g,对 QN 煤和 DL 煤吸附瓦斯的置换量次之,对 GJZ 煤吸附瓦斯的置换量最小。

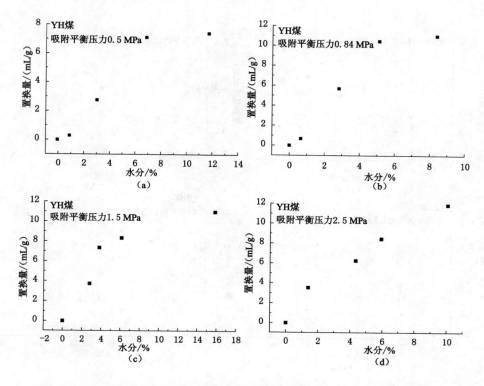

图 8-1　外加水分对 YH 煤的置换瓦斯量随外加水分含量变化散点图

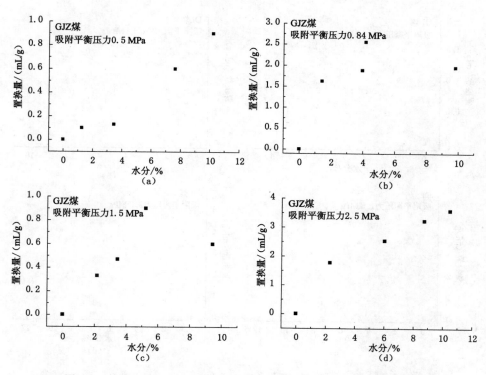

图 8-2　外加水分对 GJZ 煤的置换瓦斯量随外加水分含量变化散点图

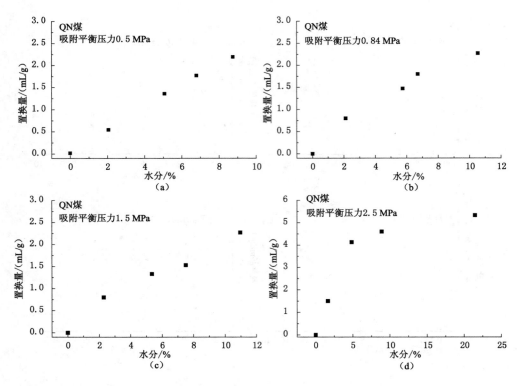

图 8-3　外加水分对 QN 煤的置换瓦斯量随外加水分含量变化散点图

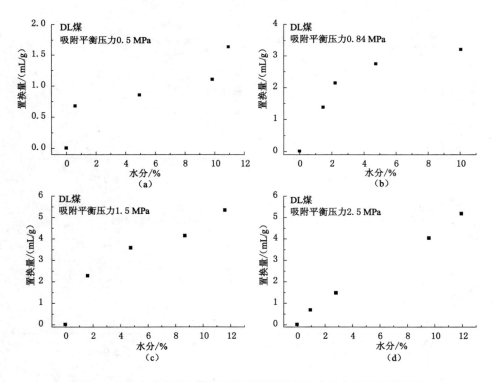

图 8-4　外加水分对 DL 煤的置换瓦斯量随外加水分含量变化散点图

8.2.2　外加水分对吸附瓦斯的置换强度分析

从表 8-1 可以看出,注入外加水分后,煤样罐内游离气体体积均较干燥煤样游离气体体积大,说明水确实对吸附的瓦斯进行了置换。由于实验压力的差异,难以对不同吸附平衡压力下的置换强度进行对比,为此,引入表征水对吸附瓦斯置换强度的物理量——置换率,置换率由下式计算:

$$\mathrm{d}p = \frac{\Delta Q_y}{Q_{gx}} \times 100 \tag{8-16}$$

$$\Delta Q_y = \frac{\Delta V_y}{m} \tag{8-17}$$

式中　$\mathrm{d}p$——置换率,%;

ΔQ_y——注水煤样与干燥煤样相比,单位质量煤样标准状态下的置换瓦斯量,mL/g;

Q_{gx}——已换算为标准状态下的干燥煤样吸附瓦斯量,mL/g;

ΔV_y——标准状态下水对吸附瓦斯的置换量,mL;

m——煤样质量,g。

通过对实验数据整理,获得的水分对吸附瓦斯的置换率见表 8-2。

表 8-2　　　　　　　　　　　　　水对煤吸附瓦斯的置换率

压力 /MPa	YH 煤		GJZ 煤		QN 煤		DL 煤	
	含水量/%	置换率 η/%	含水量/%	置换率 η/%	含水量/%	置换率 η/%	含水量/%	置换率 η/%
0.5	0	0.00	0	0.00	0	0.00	0	0.00
	0.96	2.04	1.28	4.62	2.15	8.92	0.61	16.39
	3.13	19.27	3.46	6.15	5.3	22.70	4.69	20.90
	7.06	49.66	7.61	27.69	7.1	29.73	9.85	27.05
	12.04	51.70	10.21	41.54	9.14	36.76	10.94	40.16
0.84	0	0.00	0	0.00	0	0.00	0	0.00
	0.65	3.58	1.42	33.33	2.12	10.08	1.47	15.71
	2.81	30.65	3.95	38.83	5.75	18.49	2.24	24.52
	5.10	56.29	4.17	52.58	6.71	22.69	4.77	31.42
	8.39	59.14	9.81	40.21	10.54	28.57	10.07	36.78
1.5	0	0.00	0	0.00	0	0.00	0	0.00
	2.78	15.23	2.17	4.54	2.28	8.32	1.63	19.10
	3.77	29.98	3.44	6.35	5.35	13.86	4.76	30.06
	6.09	33.99	5.21	12.24	7.51	15.94	8.7	34.83
	15.78	44.73	9.43	8.16	10.97	23.57	11.61	44.94
2.5	0	0.00	0	0.00	0	0.00	0	0.00
	1.37	11.39	2.29	17.15	1.66	13.35	0.96	4.44
	4.33	20.20	6.01	24.60	4.86	36.80	2.81	9.78
	5.91	27.29	8.72	31.23	8.89	40.95	9.58	26.78
	10.03	38.31	10.47	34.63	21.49	47.48	11.94	34.44

　　由表 8-2 可以看出,0.5 MPa 吸附平衡压力下,外加水分对注水量分别为 0.96％、3.13％、7.06％和 12.04％的 YH 煤置换率依次为 2.04％、19.27％、49.66％和 51.70％,随着外加水分的增加,水分对同一煤样的瓦斯置换率逐渐增大。YH 煤其他吸附平衡压力下和 GJZ 煤、QN 煤和 DL 煤的置换数据存在同样规律。可见,注入外加水分后,由于煤对水的吸附能力强于对瓦斯的吸附,水对处于吸附态的瓦斯存在置换作用,且外加水分越大,置换作用越强。

　　相同吸附平衡压力下外加水分对吸附瓦斯的置换率随含水量变化趋势见图 8-5 至图 8-8。

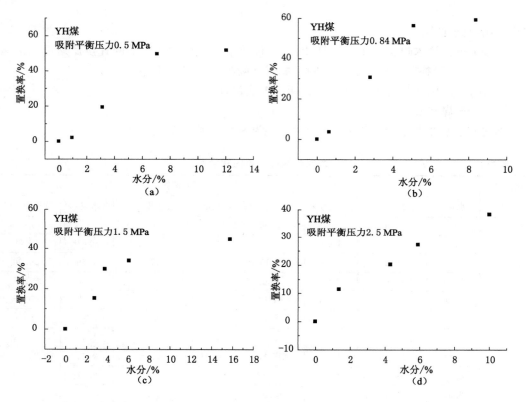

图 8-5　外加水分对 YH 煤的置换瓦斯率随外加水分含量变化散点图

　　由图 8-5 至图 8-8 可知,吸附平衡压力相同时,随着外加水分的增加,水分对 YH 煤、GJZ 煤、QN 煤和 DL 煤吸附瓦斯的置换率均呈现逐渐增大的趋势。但从增大幅度来看,初始外加水分的增加,导致置换率的大幅度增加,随着外加水分的进一步增大,增幅逐渐减小,也证明了在影响置换瓦斯方面存在一个极限外加水分,超过极限外加水分后,进一步增加外加水分将对煤中瓦斯的置换率影响较小。无论吸附平衡压力多大,水分对 YH 煤、GJZ 煤、QN 煤和 DL 煤吸附瓦斯的置换率均随着水分的增加逐渐增大。总体上来看,条件相近时,水分对 YH 煤吸附瓦斯的置换率最大,测试的外加水分 8.39％煤样在 0.84 MPa 吸附平衡压力下的最大置换率达到 59.14％,对 DL 煤和 QN 煤吸附瓦斯的置换率次之,对 GJZ 煤吸附瓦斯的置换率最小。

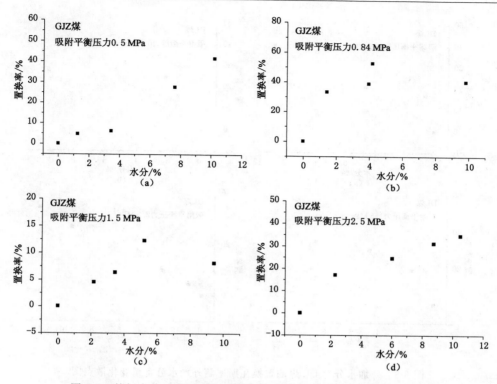

图 8-6　外加水分对 GJZ 煤的置换瓦斯率随外加水分含量变化散点图

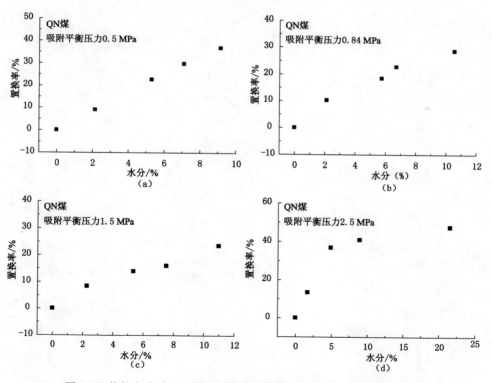

图 8-7　外加水分对 QN 煤的置换瓦斯率随外加水分含量变化散点图

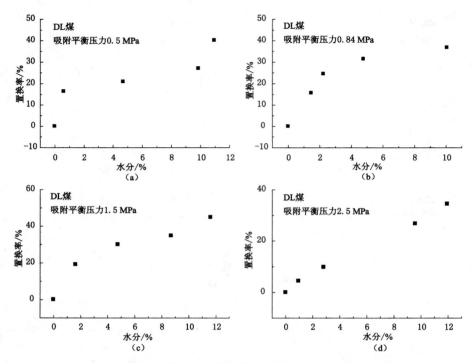

图 8-8   外加水分对 DL 煤的置换瓦斯率随外加水分含量变化散点图

第 9 章　外加水分对卸压后煤解吸瓦斯影响研究

9.1　外加水分对卸压后瓦斯解吸量的影响

为研究卸压后外加水分对煤的瓦斯解吸量的影响,利用自制的高压吸附—注水—解吸测试装置,依次对 YH 煤、GJZ 煤、QN 煤和 DL 煤等不同变质程度煤样在实验温度 30 ℃、原始吸附平衡压力 0.5 MPa、0.84 MPa、1.5 MPa 和 2.5 MPa 条件下,分别注入不同外加水分后的瓦斯解吸过程进行了测试。各煤样卸压后不同外加水分条件下的瓦斯解吸量随时间变化曲线见图 9-1 至图 9-4,图中吸附平衡压力为注入外加水分前干燥煤样的吸附平衡压力。

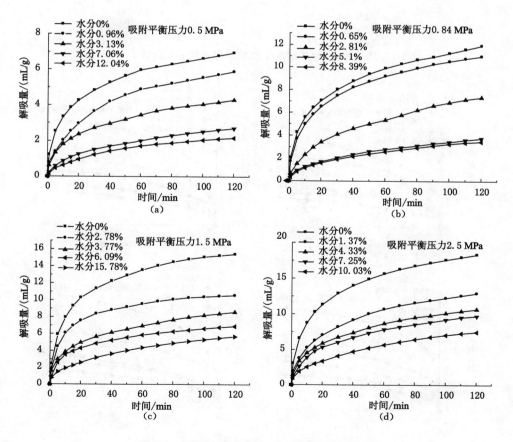

图 9-1　不同外加水分的 YH 煤瓦斯解吸曲线

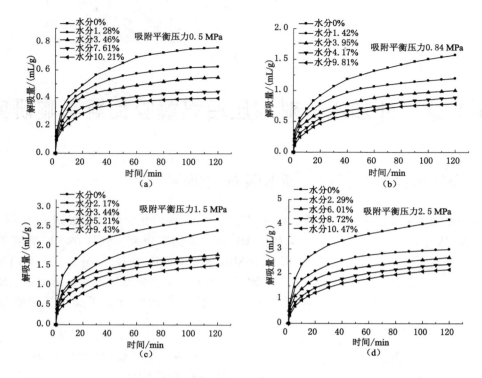

图 9-2　不同外加水分的 GJZ 煤瓦斯解吸曲线

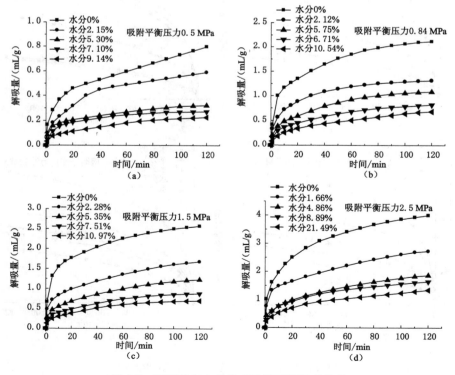

图 9-3　不同外加水分的 QN 煤瓦斯解吸曲线

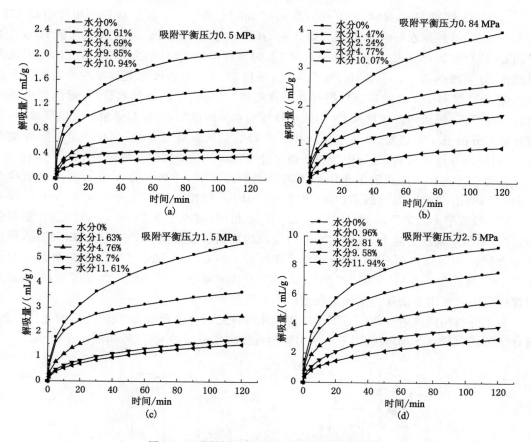

图 9-4　不同外加水分的 DL 煤瓦斯解吸曲线

由图 9-1 可知,YH 煤在 0.5 MPa 吸附平衡压力条件下,相同时间段内干燥煤样的解吸量最大,注入外加水分后煤样的瓦斯解吸量明显减小,且具有随着外加水分的增大解吸量逐渐减小的趋势,YH 煤在 0.5 MPa 吸附平衡压力条件下 120 min 内的解吸总量 $Q(120)$ 随外加水分变化情况见图 9-5。

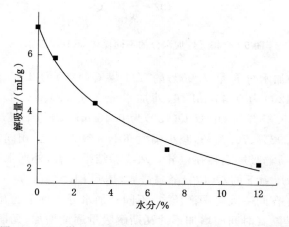

图 9-5　YH 煤 0.5 MPa 压力下 $Q(120)$ 随外加水分变化

由图 9-5 可知,干燥煤样的 $Q(120)$ 为 6.97 mL/g,外加水分含量 0.96％煤样的 $Q(120)$ 为 5.88 mL/g,外加水分含量 3.13％煤样的 $Q(120)$ 为 4.3 mL/g,外加水分含量 7.06％煤样的 $Q(120)$ 为 2.69 mL/g,外加水分含量 12.04％煤样的 $Q(120)$ 为 2.17 mL/g,与干燥煤样相比,分别减小了 15.55％、38.28％、61.34％和 68.90％。YH 煤其他吸附平衡压力下和 GJZ 煤、QN 煤和 DL 煤的解吸数据存在同样规律。可见,注入外加水分后,煤的瓦斯解吸量大幅度降低,但从降低幅度来看,初始阶段外加水分的增加,导致解吸量的大幅度减小,随着外加水分的进一步增大,增幅逐渐减小。在影响瓦斯解吸量方面,存在一个极限外加水分,超过极限外加水分后,进一步增加外加水分将对煤的瓦斯解吸量影响较小。

对比 YH 煤在不同吸附平衡压力下的解吸数据来看,外加水分含量 2.81％的煤样在 0.84 MPa 吸附平衡压力下的 $Q(120)$ 为 7.35 mL/g,与相近外加水分含量 2.78％煤样在 1.5 MPa 吸附平衡压力下的 $Q(120)$ 10.56 mL/g 相比,减小了 3.21 mL/g,可见,外加水分相近时,吸附平衡压力越大,煤样相同时间段内的瓦斯解吸量越大。与干燥煤样相比,外加水分含量 2.81％煤样在 0.84 MPa 吸附平衡压力下的 $Q(120)$ 减小了 38.39％,外加水分含量 2.78％煤样在 1.5 MPa 吸附平衡压力下的 $Q(120)$ 减小了 31.52％,由此可知,外加水分对煤样在不同吸附平衡压力下的解吸量影响程度并不一致。

为了分析相同吸附平衡压力下不同煤样相近外加水分含量对 $Q(120)$ 的影响是否一致,统计了不同煤样 0.5 MPa 吸附平衡压力下相近外加水分时的 $Q(120)$ 降幅,见图 9-6。

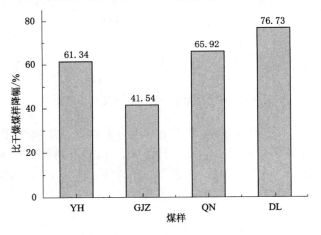

图 9-6 相近外加水分的不同煤样 $Q(120)$ 降幅

由图 9-6 可知,外加水分含量 7.06％的 YH 煤 $Q(120)$ 为 2.69 mL/g,外加水分含量 7.61％的 GJZ 煤 $Q(120)$ 为 0.44 mL/g,外加水分含量 7.1％的 QN 煤 $Q(120)$ 为 0.27 mL/g,外加水分含量 9.85％的 DL 煤 $Q(120)$ 为 0.48 mL/g,与干燥煤样相比,分别减小了 61.34％、41.54％、65.92％、76.73％,减小幅度亦不一致。可见,相同吸附平衡压力下,外加水分对不同煤种的瓦斯解吸影响存在差异。从实验结果来看,外加水分为 10.94％的 DL 煤在 0.5 MPa 吸附平衡压力下的 $Q(120)$ 降幅最大,达到 81.64％。

总的来看,各煤样在同一吸附平衡压力、不同外加水分条件下的瓦斯解吸量与时间的关系曲线形状一致,均是随着时间的增加累计瓦斯解吸量逐渐增加,瓦斯解吸量与时间的关系曲线形状均与 Langmuir 曲线相似,因此可用 Langmuir 方程来描述煤样瓦斯解吸过程,即:

$$Q(t) = \frac{Q_L t}{t_L + t} \tag{9-1}$$

式中　$Q(t)$——t 时刻的累计瓦斯解吸量，mL/g；

　　　Q_L——极限解吸量，mL/g；

　　　t_L——解吸常数，min；

　　　t——解吸时间，min。

根据实验数据，采用回归分析得到的瓦斯极限解吸量见表 9-1。

表 9-1　　　　　　　　　不同变质程度煤样的瓦斯极限解吸量

吸附平衡压力 /MPa	YH 煤		GJZ 煤		QN 煤		DL 煤	
	含水量 /%	极限解吸量 Q_L/(mL/g)	含水量 /%	极限解吸量 Q_L/(mL/g)	含水量 /%	极限解吸量 Q_L/(mL/g)	含水量 /%	极限解吸量 Q_L/(mL/g)
0.5	0	7.338 3	0	0.803 9	0	0.791 9	0	2.186 7
	0.96	6.959 1	1.28	0.651 7	2.15	0.655 3	0.61	1.500 0
	3.13	4.702 7	3.46	0.562 6	5.3	0.316 9	4.69	0.849 7
	7.06	3.273 3	7.61	0.463 1	7.1	0.284 6	9.85	0.484 6
	12.04	2.774 9	10.21	0.423 1	9.14	0.260 8	10.94	0.383 1
0.84	0	12.525 0	0	1.682 5	0	2.170 1	0	4.319 1
	0.65	11.819 0	1.42	1.253 5	2.12	1.375 2	1.47	2.837 4
	2.81	9.092 0	3.95	1.053 7	5.75	1.211 4	2.24	2.395 4
	5.10	4.499 0	4.17	0.943 7	6.71	0.884 0	4.77	2.045 0
	8.39	4.284 0	9.81	0.881 8	10.54	0.767 4	10.07	1.107 6
1.5	0	16.338 2	0	2.777 3	0	2.535 7	0	6.149 6
	2.78	11.032 9	2.17	2.567 1	2.28	1.691 0	1.63	3.695 7
	3.77	9.133 4	3.44	1.839 9	5.35	1.313 2	4.76	3.055 7
	6.09	7.222 3	5.21	1.818 7	7.51	0.955 9	8.7	1.996 4
	15.78	6.907 7	9.43	1.722 87	10.97	0.783 8	11.61	1.789 7
2.5	0	19.455 7	0	4.209 0	0	4.149 2	0	10.002 5
	1.37	14.459 8	2.29	3.087 4	1.66	2.647 3	0.96	8.021 1
	4.33	11.747 6	6.01	2.735 5	4.86	2.046 5	2.81	6.017 0
	5.91	10.880 9	8.72	2.556 0	8.89	1.744 4	9.58	4.332 5
	10.03	9.213 8	10.47	2.392 9	21.49	1.454 9	11.94	3.454 8

从表 9-1 可以看出，相同吸附平衡压力下，干燥煤样极限解吸量最大，注入外加水分后，煤的极限解吸量减小，且外加水分越大，煤的极限解吸量越小。YH 煤、GJZ 煤、QN 煤和 DL 煤在不同外加水分条件下的极限解吸量见图 9-7 至图 9-10。

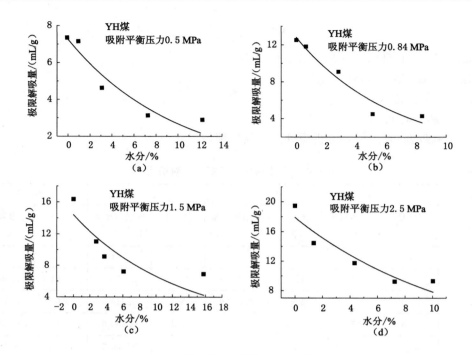

图 9-7　YH 煤极限解吸量随外加水分变化趋势图

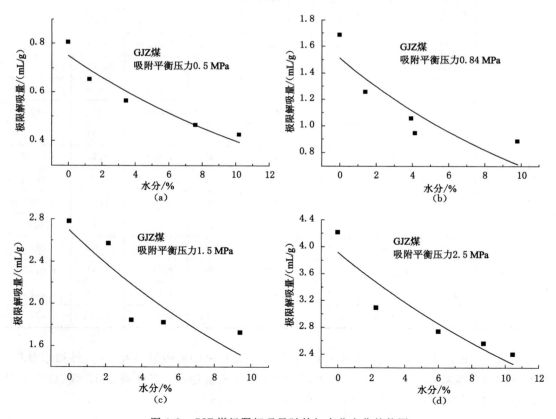

图 9-8　GJZ 煤极限解吸量随外加水分变化趋势图

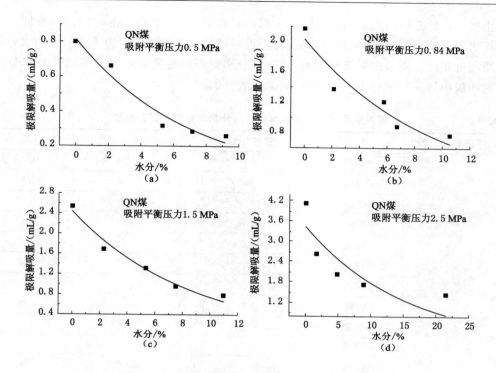

图 9-9　QN 煤极限解吸量随外加水分变化趋势图

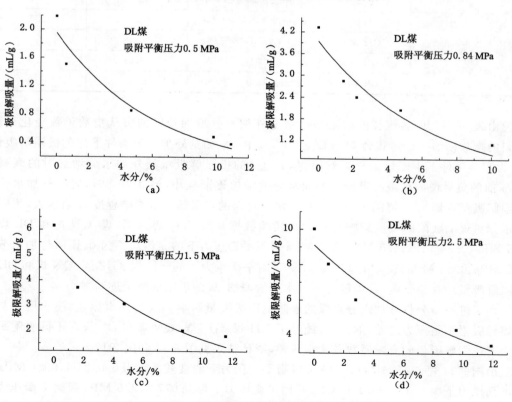

图 9-10　DL 煤极限解吸量随外加水分变化趋势图

由图 9-7 至图 9-10 可以看出,无论是 YH 煤、GJZ 煤,还是 QN 煤和 DL 煤,在同一吸附平衡压力下,随着外加水分的增加,煤的瓦斯极限解吸量逐渐减小。为了分析外加水分对不同变质程度煤的瓦斯极限解吸量影响差异性,分别对不同变质程度煤在不同外加水分条件下的瓦斯极限解吸量进行了回归,回归结果见表 9-2。

表 9-2　　　　　　　　不同变质程度煤极限解吸量与外加水分关系回归模型

吸附平衡压力/MPa	煤样	模型表达式	相关系数 r/%	注水压差/MPa
0.5	YH 煤	$Q_L = 7.254\,6e^{-0.099\,8M_{ad}}$	96.24	3.5
	GJZ 煤	$Q_L = 0.75e^{-0.063\,3M_{ad}}$	94.90	1.5
	QN 煤	$Q_L = 0.810\,8e^{-0.142\,1M_{ad}}$	97.28	1.5
	DL 煤	$Q_L = 1.946\,9e^{-0.162\,1M_{ad}}$	95.80	1.5
0.84	YH 煤	$Q_L = 12.797\,9e^{-0.152\,7M_{ad}}$	96.54	3.16
	GJZ 煤	$Q_L = 1.511\,7e^{-0.076\,7M_{ad}}$	83.25	1.16
	QN 煤	$Q_L = 2.027\,5e^{-0.107\,2M_{ad}}$	93.54	1.16
	DL 煤	$Q_L = 3.942\,1e^{-0.155\,2M_{ad}}$	93.95	1.16
1.5	YH 煤	$Q_L = 14.382\,9e^{-0.077\,5M_{ad}}$	78.66	2.5
	GJZ 煤	$Q_L = 2.693\,9e^{-0.061M_{ad}}$	82.29	1.5
	QN 煤	$Q_L = 2.435\,1e^{-0.118\,6M_{ad}}$	98.09	1.5
	DL 煤	$Q_L = 5.527\,5e^{-0.119\,7M_{ad}}$	92.75	1.5
2.5	YH 煤	$Q_L = 17.851\,9e^{-0.08M_{ad}}$	92.16	1.5
	GJZ 煤	$Q_L = 3.916\,1e^{-0.052\,7M_{ad}}$	90.96	1.5
	QN 煤	$Q_L = 3.457\,5e^{-0.065\,8M_{ad}}$	78.65	1.5
	DL 煤	$Q_L = 9.093\,4e^{-0.087\,4M_{ad}}$	94.35	1.5

由表 9-2 可知,各煤样的极限解吸量随外加水分增加较好的服从指数函数变化规律。回归的指数模型一般形式为 $Q_L = Q_0 e^{-\alpha M_{ad}}$,其中,$Q_L$ 为某外加水分条件下煤的极限解吸量,Q_0 为实验条件下干燥煤的极限解吸量,α 为煤的极限解吸量随外加水分增加时的衰减系数,α 前的负号说明极限解吸量随外加水分的增加逐渐减小,当 α 为 0 时,表明外加水分对极限解吸量无影响,α 值的大小表征外加水分对煤的极限解吸量影响程度,α 值越大,说明外加水分对煤的极限解吸量影响越大。从实验数据来看,YH 煤、GJZ 煤、QN 煤和 DL 煤在 0.5 MPa、0.84 MPa、1.5 MPa、2.5 MPa 吸附平衡压力下的 α 值均不为 0,说明外加水分对 0.5 MPa、0.84 MPa、1.5 MPa、2.5 MPa 吸附平衡压力下的 YH 煤、GJZ 煤、QN 煤和 DL 煤极限解吸量均存在影响,且均随着外加水分的增加,煤的极限解吸量逐渐减小。

为了进一步分析外加水分对煤的极限瓦斯解吸量影响程度与注水压差(注水压力与干燥煤样吸附平衡压力之差)的关系,统计了 YH 煤、GJZ 煤、QN 煤和 DL 煤在不同吸附平衡压力下极限解吸量的衰减系数及注水压差,统计结果见图 9-11 和图 9-12。

由图 9-11 可知,YH 煤 0.5 MPa 吸附平衡压力下的衰减系数为 0.099 84,0.84 MPa 吸附平衡压力下为 0.152 66,1.5 MPa 吸附平衡压力下为 0.077 5,2.5 MPa 吸附平衡压力下为 0.08,可以看出,不同吸附平衡压力下,外加水分对煤的极限解吸量影响程度并不一致,

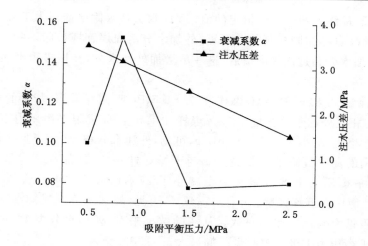

图 9-11　YH 煤极限解吸量衰减系数及注水压差关系

且外加水分对煤的极限解吸量影响程度与注水压差(注水压力与干燥煤样吸附平衡压力之差)关联性不大。YH 煤其他吸附平衡压力下和 GJZ 煤、QN 煤和 DL 煤的极限解吸量存在同样规律,这点与赵东的研究有所差别,其主要原因是赵东实验时采用的是型煤,采用型煤实验时,外加高压水能直接作用于煤体,压差越大,水越易进入更细孔隙内,从而对瓦斯解吸产生影响,而本书实验采用的是粒煤,外加水进入煤样罐后,外加高压水的压力随即被粒煤之间的孔隙所消耗,外加水的压力并未直接作用于煤粒上,因此,注水压差并未对煤的瓦斯解吸产生明显的影响。

　　为了分析同一吸附平衡压力下外加水分煤样极限解吸量比干燥煤样极限解吸量的降幅,统计了 0.5 MPa 吸附平衡压力各外加水分 YH 煤样极限解吸量比干燥煤样极限解吸量的降幅,见图 9-13。

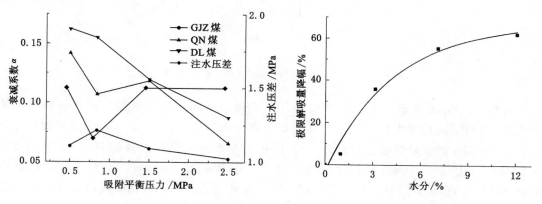

图 9-12　GJZ 煤、QN 煤和 DL 煤极限解吸量　　　图 9-13　外加水分 YH 煤样极限解吸量降幅
　　　　衰减系数及注水压差关系

　　由图 9-13 可知,YH 煤样在 0.96%、3.13%、7.06%、12.04%外加水分条件下的极限解吸量与干燥煤样极限解吸量相比,分别降低了 5.17%、35.92%、55.39%、62.19%。初始阶段外加水分的增加会引起极限解吸量的快速减小,随着外加水分的进一步增大,极限解吸量

的降幅逐渐降低，最终趋向于一个恒定的值。YH 煤其他吸附平衡压力下和 GJZ 煤、QN 煤和 DL 煤极限解吸量存在同样规律。可见，外加水分对煤层瓦斯极限解吸量的影响存在一个极限值，当外加水分超过该极限值后，进一步增加外加水分，瓦斯极限解吸量将变化微小或无变化。

外加水分含量 2.81% 的 YH 煤样在 0.84 MPa 吸附平衡压力下的极限解吸量为 9.092 mL/g，与相近外加水分含量 2.78% 煤样在 1.5 MPa 吸附平衡压力下的极限解吸量 11.032 9 mL/g 相比，减小了 1.940 9 mL/g，可见，外加水分相近时，吸附平衡压力越大，煤样相同时间段内的瓦斯极限解吸量越大。与干燥煤样相比，外加水分含量 2.81% 煤样在 0.84 MPa 吸附平衡压力下的极限解吸量减小了 27.41%，外加水分含量 2.78% 煤样在 1.5 MPa 吸附平衡压力下解吸量减小了 32.47%，可见，外加水分对煤样在不同吸附平衡压力下的极限解吸量影响程度亦不一致。从实验结果来看，外加水分为 10.94% 的 DL 煤在 0.5 MPa 吸附平衡压力下极限解吸量降幅最大，达到 82.48%。

为了分析相同吸附平衡压力下不同煤样相近外加水分含量对极限解吸量的影响是否一致，统计了不同煤样 0.5 MPa 吸附平衡压力下相近外加水分时的极限解吸量降幅，见图 9-14。

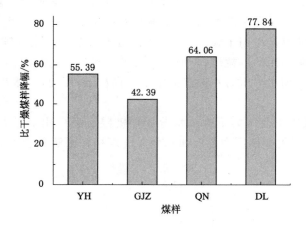

图 9-14　相近外加水分的不同煤样极限解吸量降幅

由图 9-14 可知，0.5 MPa 吸附平衡压力下，外加水分含量 7.06% 的 YH 煤极限解吸量为 3.273 3 mL/g，外加水分含量 7.61% 的 GJZ 煤极限解吸量为 0.463 1 mL/g，外加水分含量 7.1% 的 QN 煤极限解吸量为 0.284 6 mL/g，外加水分含量 9.85% 的 DL 煤极限解吸量为 0.484 6 mL/g，与干燥煤样相比，分别减小了 55.39%、42.39%、64.06%、77.84%，减小幅度差别较大，可见，相同吸附平衡压力下，外加水分对不同煤种的瓦斯极限解吸量影响存在差异。

为了分析外加水分对煤样在不同吸附平衡压力下的极限瓦斯解吸量影响变化情况，统计了 YH 煤、GJZ 煤、QN 和 DL 煤在不同吸附平衡压力下极限解吸量的衰减系数，统计结果见图 9-15。

由图 9-15 可知，外加水分在不同吸附平衡压力下对煤的极限解吸量影响程度不一致，随着吸附平衡压力的增高，外加水分对 YH 煤、GJZ 煤、QN 和 DL 煤的极限解吸量影响程

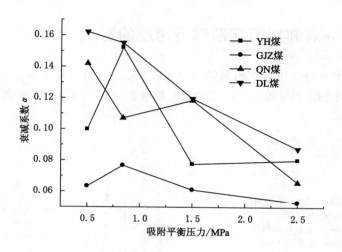

图 9-15　不同煤种极限解吸量衰减系数

度有所变化,且影响程度存在一定差异。造成这种差异性的原因除与煤的本身性质有关外,注入外加水分的均匀效果也对其产生一定的影响,但总的来看,煤样吸附平衡压力越高,外加水分对煤的极限解吸量影响程度呈现出减小的趋势。其原因是随着吸附平衡压力的增大,煤基表面吸附了更多的甲烷分子,煤基暴露的面积越小。注入外加水后,与煤基作用的水分子也大量减少,造成外加水分子对甲烷分子的置换作用减弱,从而减小了外加水对甲烷极限解吸量的影响程度。不同吸附平衡压力下,外加水分对各煤样极限瓦斯解吸量影响程度并不一致,从注水压差相同的 2.5 MPa 吸附平衡压力下解吸数据来看,YH 煤的极限解吸量衰减系数为 0.08,GJZ 煤的衰减系数为 0.052 7,QN 煤的衰减系数为 0.065 8,DL 煤的衰减系数为 0.087 4,可见,同一吸附平衡压力下,外加水分对 YH 煤、GJZ 煤、QN 煤和 DL 煤的极限解吸量影响程度并不一致。总的来看,外加水分对 DL 煤极限解吸量影响最大,对QN 煤和 YH 煤影响居中,对 GJZ 煤极限解吸量影响最小。

Joubert 研究表明,煤基质孔隙内表面的润湿和孔隙充填受到煤孔隙内表面固—液界面张力的制约,液态水要进入煤基质孔隙并润湿煤的内表面,必须克服固—液界面张力的影响。孔隙孔径越小,固—液界面张力的影响越大,液态水进入越困难,液态水只能润湿煤的外表面和煤中部分大孔隙(渗流孔隙),难以进入微孔。煤样注入液态水后,水将与吸附的甲烷分子发生竞争吸附,因水分子具有极性,煤会优先吸附水分子,因此,部分吸附的甲烷分子将被水分子所取代,水分子取代甲烷分子的多少与煤的大孔、中孔和小孔总比表面积有关,大孔、中孔和小孔总比表面积越大,将有更多的水分子取代甲烷分子,使得原本被吸附的瓦斯被置换出来,减小了瓦斯的吸附量,从而导致卸压后瓦斯解吸量的降低。根据测试的大孔、中孔和小孔总比表面积可知,DL 煤的大孔、中孔和小孔总比表面积最大,为 2.958 m^2/g,YH 煤大孔、中孔和小孔总比表面积次之,为 2.067 m^2/g,然后是 QN 煤,大孔、中孔和小孔总比表面积为 1.604 m^2/g,最小的是 GJZ 煤,大孔、中孔和小孔总比表面积仅为 0.122 m^2/g,其大小次序与外加水分对煤的极限解吸量影响程度一致。

9.2 外加水分对卸压后瓦斯解吸速度的影响

为研究外加水分对卸压后煤的瓦斯解吸速度的影响,利用高压吸附—注水—解吸测试装置对 YH 煤、GJZ 煤、QN 煤和 DL 煤的瓦斯解吸速度进行了测试,测试结果见图 9-16 至图 9-19。

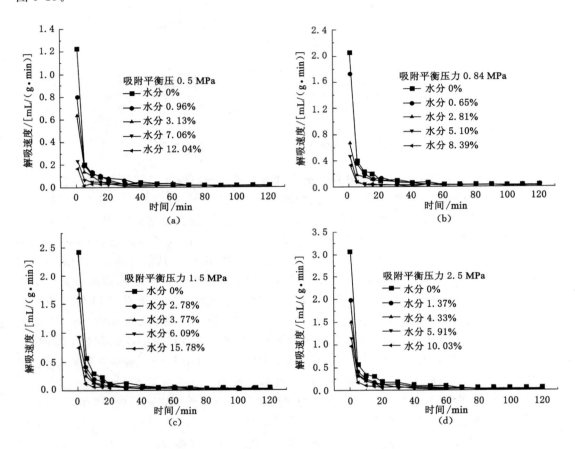

图 9-16 不同外加水分条件下 YH 煤瓦斯解吸速度曲线

由图 9-16 至图 9-19 可知,YH 煤、GJZ 煤、QN 煤和 DL 煤在相同吸附平衡压力下的瓦斯解吸速度(每分钟内的瓦斯解吸量)随时间的增加逐渐降低,干燥煤样的初始解吸速度最大,注入外加水煤样的初始解吸速度较小。煤样开始解吸时,干燥煤样解吸速度降幅大于注入外加水煤样,当解吸至 40 min 后,干燥煤样的解吸速度和注入外加水煤样的解吸速度基本相当,也就是说,外加水分主要对前期瓦斯解吸速度影响较大,对后期瓦斯解吸速度影响较小。从 YH 煤样在 0.5 MPa、0.84 MPa、1.5 MPa 和 2.5 MPa 吸附平衡压力条件下的解吸数据来看,煤样外加水分含量相当时,压力越大,煤样相同时刻的解吸速度越大,GJZ 煤、QN 煤和 DL 煤均具有这种规律。

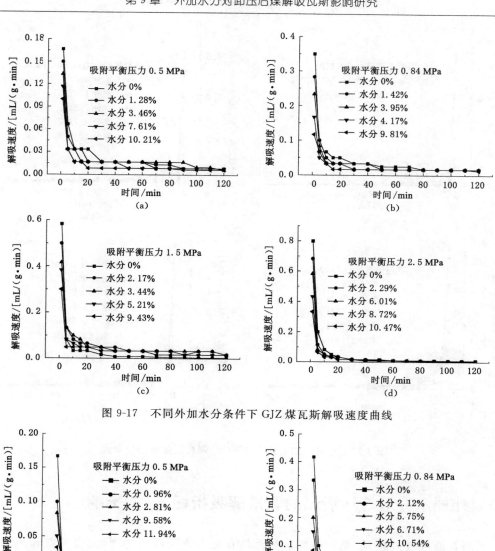

图 9-17　不同外加水分条件下 GJZ 煤瓦斯解吸速度曲线

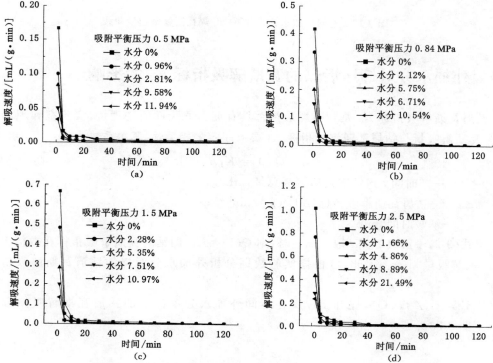

图 9-18　不同外加水分条件下 QN 煤瓦斯解吸速度曲线

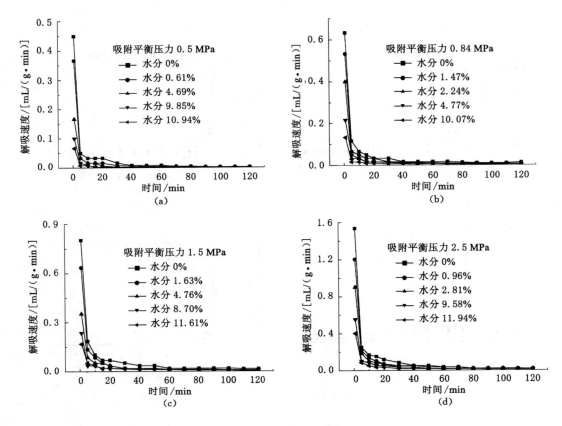

图 9-19 不同外加水分条件下 DL 煤瓦斯解吸速度曲线

9.3 外加水分对卸压后煤的瓦斯解吸指标 K_1 的影响

钻屑瓦斯解吸指标 K_1 是判断煤层是否具有突出危险性的物理量,实验室和现场试验表明,瓦斯解吸量与钻屑瓦斯解吸指标 K_1 具有一定的相关性,其关系式为:

$$Q(t) = K_1\sqrt{t} \tag{9-2}$$

式中 $Q(t)$——时间 t 内钻屑瓦斯解吸总量,mL/g;

K_1——钻屑瓦斯解吸指标,mL/$(g \cdot min^{1/2})$;

t——解吸时间,min。

当式(9-2)中解吸时间 t 取 1 min 时,则 $Q(1)=K_1$,即钻屑瓦斯解吸指标在数值上与第 1 min 的解吸量相等。因此,可根据实验数据分析外加水分对煤的钻屑瓦斯解吸指标的影响。

YH 煤、GJZ 煤、QN 煤和 DL 煤在不同外加水分条件下的钻屑瓦斯解吸指标见图 9-20 至图 9-23。

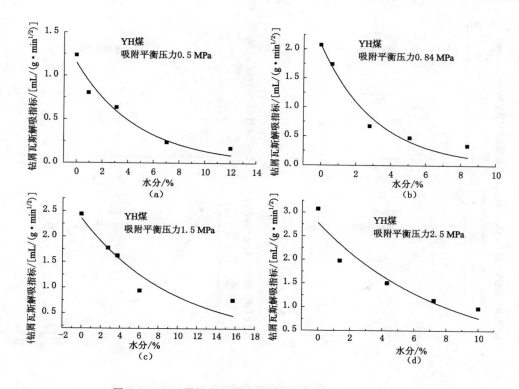

图 9-20　YH 煤钻屑瓦斯解吸指标随外加水分变化趋势图

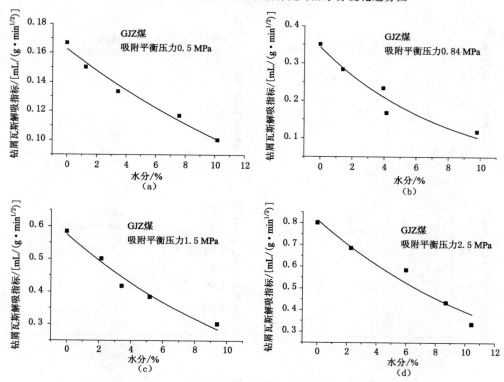

图 9-21　GJZ 煤钻屑瓦斯解吸指标随外加水分变化趋势图

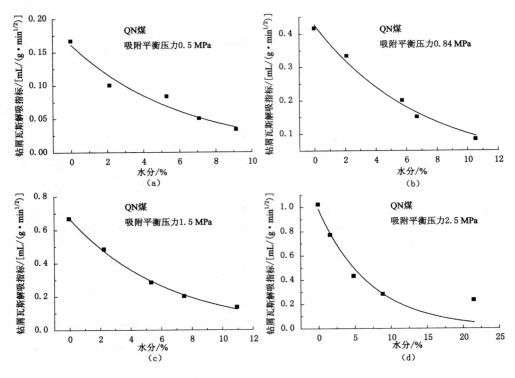

图 9-22　QN 煤钻屑瓦斯解吸指标随外加水分变化趋势图

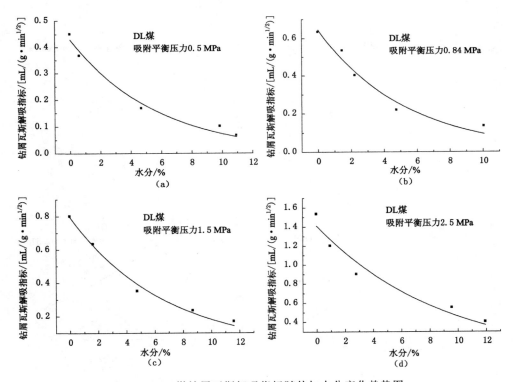

图 9-23　DL 煤钻屑瓦斯解吸指标随外加水分变化趋势图

由图 9-20 可知,YH 煤样在 0.5 MPa 吸附平衡压力下,外加水分含量 0.96% 的煤样钻屑瓦斯解吸指标为 0.80 mL/(g·min$^{1/2}$),外加水分含量 3.13% 的煤样钻屑瓦斯解吸指标为 0.63 mL/(g·min$^{1/2}$),外加水分含量 7.06% 的煤样钻屑瓦斯解吸指标为 0.23 mL/(g·min$^{1/2}$),外加水分含量 12.04% 的煤样钻屑瓦斯解吸指标为 0.17 mL/(g·min$^{1/2}$),与干燥煤样钻屑瓦斯解吸指标 1.23 mL/(g·min$^{1/2}$) 相比,分别降低了34.96%、48.78%、81.30%、86.18%。可以看出,同一煤样在同一吸附平衡压力下,干燥煤样的钻屑瓦斯解吸指标最大,注入外加水煤样钻屑瓦斯解吸指标较小,且随着注入外加水分的增大,煤的钻屑瓦斯解吸指标逐渐减小。初始阶段外加水分的增加会引起钻屑瓦斯解吸指标的快速减小,随着外加水分的进一步增大,钻屑瓦斯解吸指标的降幅逐渐降低,且逐渐趋向于一个恒定的值。

YH 煤其他吸附平衡压力下和 GJZ 煤、QN 煤和 DL 煤的钻屑瓦斯解吸指标存在同样规律。由图 9-20 至图 9-23 可知,吸附平衡压力相同时,随着外加水分的增加,YH 煤、GJZ 煤、QN 煤和 DL 煤的钻屑瓦斯解吸指标均呈现出逐渐减小的趋势。在影响煤层钻屑瓦斯解吸指标方面,存在一个极限外加水分,当外加水分超过该极限值后,进一步增大外加水分,煤层钻屑瓦斯解吸指标将无明显变化。

同一煤样在相同吸附平衡压力、不同外加水分条件下的钻屑瓦斯解吸指标回归结果表明(图 9-20 至图 9-23):随着外加水分的增加,煤样钻屑瓦斯解吸指标呈现出指数函数式减小。不同变质程度煤在不同外加水分条件下的钻屑瓦斯解吸指标回归模型见表9-3。

表 9-3　　　　　　　　　　不同变质程度煤的钻屑瓦斯解吸指标回归模型

吸附平衡压力/MPa	煤样	模型表达式	相关系数 r/%	注水压差/MPa
0.5	YH 煤	$K_1 = 1.146\,1e^{-0.212\,1M_{ad}}$	96.97	3.5
	GJZ 煤	$K_1 = 0.162\,4e^{-0.047\,3M_{ad}}$	98.58	1.5
	QN 煤	$K_1 = 0.161\,5e^{-0.161M_{ad}}$	97.13	1.5
	DL 煤	$K_1 = 0.429\,5e^{-0.177\,6M_{ad}}$	98.92	1.5
0.84	YH 煤	$K_1 = 2.06e^{-0.319\,2M_{ad}}$	98.01	3.16
	GJZ 煤	$K_1 = 0.342\,6e^{-0.123\,6M_{ad}}$	95.48	1.16
	QN 煤	$K_1 = 0.427\,8e^{-0.143\,5M_{ad}}$	99.19	1.16
	DL 煤	$K_1 = 0.644\,5e^{-0.191\,3M_{ad}}$	97.68	1.16
1.5	YH 煤	$K_1 = 2.353\,3e^{-0.104\,7M_{ad}}$	92.73	2.5
	GJZ 煤	$K_1 = 0.575\,1e^{-0.074\,9M_{ad}}$	98.21	1.5
	QN 煤	$K_1 = 0.670\,7e^{-0.155\,2M_{ad}}$	99.84	1.5
	DL 煤	$K_1 = 0.795\,5e^{-0.148\,5M_{ad}}$	99.38	1.5
2.5	YH 煤	$K_1 = 2.797\,3e^{-0.139\,8M_{ad}}$	93.26	1.5
	GJZ 煤	$K_1 = 0.813\,0e^{-0.072\,7M_{ad}}$	97.24	1.5
	QN 煤	$K_1 = 0.978\,7e^{-0.137\,1M_{ad}}$	93.96	1.5
	DL 煤	$K_1 = 1.410\,9e^{-0.112\,3M_{ad}}$	96.72	1.5

由表 9-3 可知,不同变质程度煤的钻屑瓦斯解吸指标随外加水分增加均较好的服从指数函数式减小。回归模型的一般形式为 $K_1 = K_1' \mathrm{e}^{-\beta M_{ad}}$,其中 K_1 为某外加水分条件下煤的钻屑瓦斯解吸指标,K_1' 为实验压力下干燥煤的钻屑瓦斯解吸指标,β 为钻屑瓦斯解吸指标随外加水分增加时的衰减系数,β 前的负号说明钻屑瓦斯解吸指标随水分的增加逐渐减小,当 β 为 0 时,说明外加水分对钻屑瓦斯解吸指标无影响,β 值大小表征外加水分对煤的钻屑瓦斯解吸指标影响程度,β 值越大,说明外加水分对煤的钻屑瓦斯解吸指标影响越大。从实验数据来看,YH 煤、GJZ 煤、QN 煤和 DL 煤在 0.5 MPa、0.84 MPa、1.5 MPa、2.5 MPa 吸附平衡压力下的 β 值均不为 0,说明外加水分对 0.5 MPa、0.84 MPa、1.5 MPa、2.5 MPa 吸附平衡压力下的 YH 煤、GJZ 煤、QN 煤和 DL 煤钻屑瓦斯解吸指标均存在影响,且均随着外加水分的增加,煤的钻屑瓦斯解吸指标逐渐减小。

为了进一步分析外加水分对同一煤种在不同吸附平衡压力下的钻屑瓦斯解吸指标影响程度与注水压差的关系,统计了不同吸附平衡压力下煤的钻屑瓦斯解吸指标衰减系数和注水压差,统计结果见图 9-24 和图 9-25。

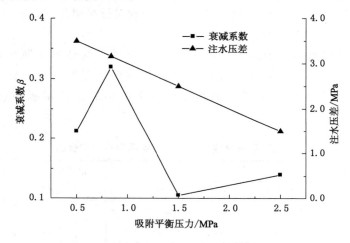

图 9-24 YH 煤钻屑瓦斯解吸指标衰减系数及注水压差

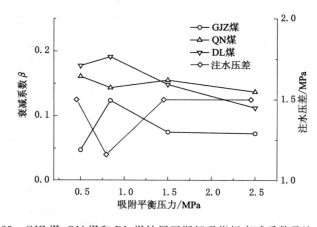

图 9-25 GJZ 煤、QN 煤和 DL 煤钻屑瓦斯解吸指标衰减系数及注水压差

由图 9-24 和图 9-25 可知，YH 煤 0.5 MPa 吸附平衡压力下的衰减系数为 0.212 14，0.84 MPa 吸附平衡压力下的衰减系数为 0.319 2，1.5 MPa 吸附平衡压力下的衰减系数为 0.104 7，2.5 MPa 吸附平衡压力下的衰减系数为 0.139 8，可以看出，不同吸附平衡压力下，外加水分对煤的钻屑瓦斯解吸指标影响程度并不一致，且外加水分对煤的钻屑瓦斯解吸指标影响程度与注水压差关联性亦不大，这也是由于高压外加水未直接作用于煤体所致。

为了分析外加水分在不同吸附平衡压力下对钻屑瓦斯解吸指标的影响变化情况，统计了 YH 煤、GJZ 煤、QN 和 DL 煤在不同吸附平衡压力下钻屑瓦斯解吸指标衰减系数，统计结果见图 9-26。

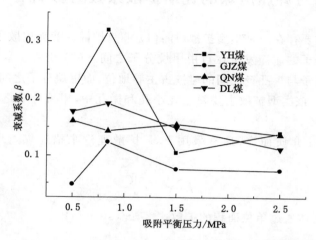

图 9-26　不同吸附平衡压力下钻屑瓦斯解吸指标衰减系数

由图 9-26 可知，外加水分在不同吸附平衡压力下对煤的钻屑瓦斯解吸指标影响程度不一致，随着吸附平衡压力的增高，外加水分对 YH 煤、GJZ 煤、QN 和 DL 煤的钻屑瓦斯解吸指标影响程度有所变化，且变化趋势不一致，说明外加水分对 YH 煤、GJZ 煤、QN 和 DL 煤的钻屑瓦斯解吸指标影响程度存在一定差异性，造成这种差异性的原因除与煤的本身性质有关外，注入外加水分对煤湿润的均匀效果也对其产生一定的影响，但总的来看，煤样吸附平衡压力越高，外加水分对煤的钻屑瓦斯解吸指标影响程度呈现出减小的趋势。其原因是随着吸附平衡压力的增大，煤基表面吸附了更多的甲烷分子，煤基暴露的面积越小，注入外加水分后，与煤基作用的外加水分子也大量减少，造成水分子对甲烷分子的置换作用减弱，煤样孔隙瓦斯压力卸除后，更多的瓦斯能够解吸出来，从而外加水分对钻屑瓦斯解吸指标的影响程度也相应减小。从注水压差相同的 2.5 MPa 吸附平衡压力下解吸数据来看，YH 煤的钻屑瓦斯解吸指标衰减系数为 0.139 8，GJZ 煤的钻屑瓦斯解吸指标衰减系数为 0.072 7，QN 煤的钻屑瓦斯解吸指标衰减系数为 0.137 1，DL 煤的钻屑瓦斯解吸指标衰减系数为 0.112 3，可见，同一吸附平衡压力下，外加水分对 YH 煤、GJZ 煤、QN 煤和 DL 煤的钻屑瓦斯解吸指标影响程度并不一致。总的来看，外加水分对 YH 煤钻屑瓦斯解吸指标影响最大，对 QN 煤和 DL 煤影响居中，对 GJZ 煤钻屑瓦斯解吸指标影响最小。

微孔的比表面是吸附瓦斯的主要载体，煤体孔隙瓦斯压力卸除后，大量微孔吸附的瓦斯将变为游离态,随之通过微孔、小孔、中孔和大孔向外逸散,瓦斯在向外运移的过程中,小孔内的液态水和煤基质产生的毛细管力将阻碍瓦斯向外逸散,小孔所占孔容比例越大,对瓦斯向外逸散的影响也越大。根据测试的小孔孔容占总孔容的比例可知,YH 煤小孔孔容占总孔容的比例最大,为 20.16%,QN 煤小孔孔容所占比例次之,为 17.92%,然后是 DL 煤,小孔孔容占总孔容的比例为 14.64%,最小的是 GJZ 煤,小孔孔容仅占总孔容的 2.02%,其大小次序与外加水分对煤的钻屑瓦斯解吸指标影响程度一致。

9.4 外加水分对卸压后煤的瓦斯扩散系数的影响

多孔介质中,主要存在三种类型扩散,即:(1) 菲克扩散。菲克扩散主要发生在大孔、中孔和小孔中,甲烷分子的碰撞发生在自由甲烷分子之间。(2) 努森扩散。努森扩散主要发生在微孔中,甲烷分子与煤孔壁之间的碰撞占主导地位,而甲烷分子之间的碰撞降为次要地位。(3) 表面扩散。该类型扩散主要发生在小孔和微孔中,甲烷分子之间的碰撞和分子与孔壁的碰撞同等重要。

对于煤这种多孔介质而言,通常采用 Fick 扩散理论来描述煤对甲烷的吸附扩散过程,即:

$$J = - D \frac{\partial C}{\partial x} \tag{9-3}$$

式中　　J——扩散流体通过单位面积的扩散速度,g/(s·m²);

　　　　$\frac{\partial C}{\partial x}$——沿扩散方向的浓度梯度;

　　　　D——扩散系数,m²/s;

　　　　C——扩散流体的浓度,g/cm³。

根据菲克扩散定律,选用球形模型进行求解,在非稳态扩散的情况下可得:

$$\frac{\partial u}{\partial t} = D \frac{\partial^2 u}{\partial r^2} \tag{9-4}$$

$$u = 0, r = 0, t > 0 \tag{9-5}$$

$$u = aC_0, R = a, t > 0 \tag{9-6}$$

$$u = rf(r), t = 0, 0 < r < a \tag{9-7}$$

式中,C_0 是球体表面的常数浓度。

在分析多孔介质中的瓦斯扩散时常把孔视为圆孔,煤颗粒视为球形,边界浓度视为常数,则吸附率/解吸率可以由下式表示:

$$\frac{M_t}{M_\infty} = 1 - \frac{6}{\pi^2} \sum_{n=1}^{\infty} \frac{1}{n^2} e^{-\frac{Dn^2\pi^2 t}{R^2}} \tag{9-8}$$

式中　　M_t——t 时刻的瓦斯吸附/解吸总量,mL/g;

　　　　M_∞——极限瓦斯吸附量/解吸量,mL/g;

　　　　R——球形颗粒半径,m;

　　　　D——扩散系数,m²/s。

将不同煤样在不同吸附平衡压力、不同外加水分条件下的解吸数据带入式(9-8),其中 t

取 120 min，M_t 为 120 min 内煤样解吸总量，M_∞ 为实测煤样极限解吸量。经计算，当 n 大于 10 时，计算的结果已变化极小，因此在计算时，n 取 10，由此计算得到的不同煤样瓦斯扩散系数见表 9-4。

表 9-4　　煤样瓦斯扩散系数计算结果

压力 /MPa	YH 煤		GJZ 煤		QN 煤		DL 煤	
	含水量/%	D /(10^{-11} m²/s)	含水量 /%	D /(10^{-11} m²/s)	含水量 /%	D /(10^{-11} m²/s)	含水量 /%	D /(10^{-11} m²/s)
0.5	0	1.696 8	0	1.489 7	0	1.143 8	0	2.113 2
	0.96	1.121 8	1.28	1.438 5	2.15	1.007 6	0.61	1.479 0
	3.13	1.214 6	3.46	1.396 1	5.3	0.934 3	4.69	1.565 4
	7.06	0.832 7	7.61	1.226 0	7.1	0.861 0	9.85	1.340 8
	12.04	0.761 1	10.21	1.170 6	9.14	0.730 8	10.94	1.175 2
0.84	0	1.474 3	0	2.039 7	0	2.030 9	0	0.578 9
	0.65	1.362 3	1.42	1.934 7	2.12	1.587 1	1.47	0.470 6
	2.81	1.345 7	3.95	1.656 6	5.75	1.289 2	2.24	0.433 3
	5.10	1.152 2	4.17	1.391 4	6.71	1.177 0	4.77	0.369 5
	8.39	1.134 8	9.81	1.229 2	10.54	1.012 0	10.07	0.258 6
1.5	0	1.927 4	0	2.004 0	0	1.451 7	0	0.708 8
	2.78	1.522 3	2.17	1.668 6	2.28	1.177 4	1.63	0.609 3
	3.77	1.296 8	3.44	1.002 1	5.35	1.190 3	4.76	0.559 9
	6.09	1.135 5	5.21	0.936 9	7.51	1.085 5	8.7	0.342 5
	15.78	1.120 7	9.43	0.783 7	10.97	1.056 5	11.61	0.314 8
2.5	0	1.238 4	0	2.109 1	0	0.962 3	0	1.544 0
	1.37	1.219 1	2.29	1.363 9	1.66	0.750 2	0.96	1.459 7
	4.33	1.143 0	6.01	1.058 6	4.86	0.449 9	2.81	0.725 0
	5.91	1.039 9	8.72	0.856 2	8.89	0.396 3	9.58	0.474 7
	10.03	1.015 5	10.47	0.730 8	21.49	0.536 2	11.94	0.344 0

由表 9-4 可知，0.5 MPa 吸附平衡压力下，YH 煤样在 0%、0.96%、3.13%、7.06%、12.04% 外加水分条件下的扩散系数分别为 1.696 8×10^{-11} m²/s、1.121 8×10^{-11} m²/s、1.214 6×10^{-11} m²/s、0.832 7×10^{-11} m²/s、0.761 1×10^{-11} m²/s，由此可知，同一煤样在相同吸附平衡压力下，注入外加水分的煤样扩散系数要小于干燥煤样，且随着外加水分的增加，扩散系数 D 总体上呈现出逐渐减小的趋势，其他煤样亦呈现出这种规律，这和 PAN Zhejun 研究结论一致。外加水分相近时，GJZ 煤的扩散系数呈现出随着压力的升高而增大的趋势，这与 PAN Zhejun，Smith 研究结论一致，但 YH 煤、QN 煤和 DL 煤并未表现出明显的趋势，这种差异性与煤的孔隙特性和自身物理性质有关。

9.5　外加水分对卸压后煤的瓦斯解吸率的影响研究

为了进一步分析注水对煤体卸压后的瓦斯解吸率影响，引入最大瓦斯解吸率概念。最

大瓦斯解吸率是表征煤样解吸效果的物理量,最大瓦斯解吸率越大,表明煤样解吸能力越强。最大瓦斯解吸率由下式计算:

$$\eta_{max} = \frac{Q_j}{Q_x} \times 100\% \qquad (9\text{-}9)$$

$$Q_{sx} = Q_{gx} - Q_{zh} \qquad (9\text{-}10)$$

式中　　η_{max}——煤样最大瓦斯解吸率,%;

　　　　Q_x——标准状态下煤样吸附瓦斯量,mL/g;

　　　　Q_j——标准状态下煤样最大解吸瓦斯量,mL/g;

　　　　Q_{sx}——标准状态下注水后煤样吸附瓦斯量,mL/g;

　　　　Q_{gx}——标准状态下干燥煤样吸附瓦斯量,mL/g;

　　　　Q_{zh}——标准状态下注水后置换瓦斯量,mL/g。

根据实测数据,计算的不同水分煤样最大瓦斯解吸率见表9-5。

表 9-5 　　　　　　　　　　　**不同外加水分煤样最大瓦斯解吸率**

吸附平衡压力/MPa	YH 煤		GJZ 煤		QN 煤		DL 煤	
	含水量/%	最大解吸率/%	含水量/%	最大解吸率/%	含水量/%	最大解吸率/%	含水量/%	最大解吸率/%
0.5	0	58.03	0	44.70	0	17.83	0	58.97
	0.96	56.74	1.28	38.65	2.15	15.12	0.61	55.24
	3.13	49.04	3.46	34.86	5.3	9.85	4.69	31.99
	7.06	56.08	7.61	38.22	7.1	9.45	9.85	21.21
	12.04	48.59	10.21	43.31	9.14	9.48	10.94	21.34
0.84	0	73.08	0	37.73	0	31.15	0	80.80
	0.65	71.18	1.42	43.61	2.12	22.86	1.47	67.91
	2.81	63.77	3.95	41.46	5.75	22.12	2.24	67.61
	5.10	50.05	4.17	50.00	6.71	18.11	4.77	63.35
	8.39	49.18	9.81	36.55	10.54	17.13	10.07	41.45
1.5	0	74.43	0	43.13	0	34.10	0	77.51
	2.78	64.18	2.17	42.33	2.28	20.29	1.63	65.91
	3.77	66.28	3.44	37.77	5.35	17.74	4.76	58.41
	6.09	59.06	5.21	39.07	7.51	13.23	8.7	48.86
	15.78	58.44	9.43	35.56	10.97	11.29	11.61	52.01
2.5	0	79.50	0	46.89	0	9.80	0	77.80
	1.37	78.07	2.29	45.70	1.66	8.74	0.96	67.67
	4.33	75.75	6.01	48.54	4.86	6.62	2.81	67.24
	5.91	76.40	8.72	51.25	8.89	6.18	9.58	66.94
	10.03	72.74	10.47	51.98	21.49	6.27	11.94	66.81

根据表9-5可知,吸附平衡压力相同时,煤样外加水分越大,最大瓦斯解吸率越小。采用 origin 软件对不同外加水分条件下煤样最大瓦斯解吸率进行拟合分析,得到的最大瓦斯解吸率随水分变化散点图见图9-27至图9-30。

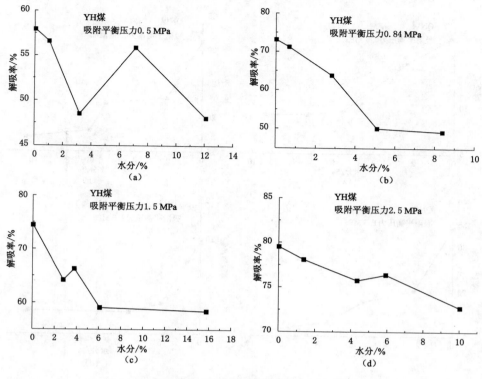

图 9-27　YH 煤最大瓦斯解吸率随外加水分变化趋势

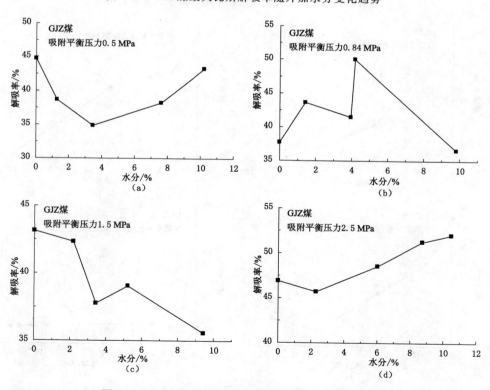

图 9-28　GJZ 煤最大瓦斯解吸率随外加水分变化趋势

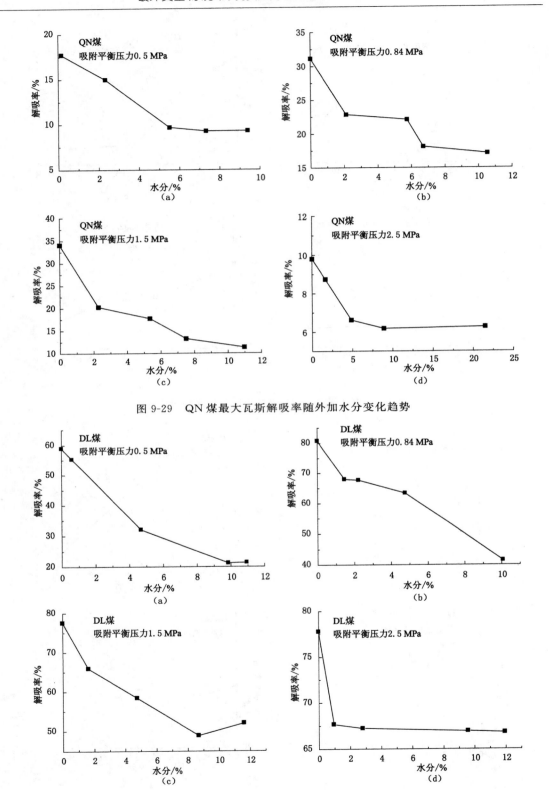

图 9-29　QN 煤最大瓦斯解吸率随外加水分变化趋势

图 9-30　DL 煤最大瓦斯解吸率随外加水分变化趋势

由图 9-27 至图 9-30 可知,吸附平衡压力相同时,随着外加水分的增加,YH 煤、QN 煤和 DL 煤的最大瓦斯解吸率均呈现出逐渐减小的趋势。GJZ 煤在 0.5 MPa 吸附平衡压力下的最大瓦斯解吸率呈现出先减后增的趋势,在 1.5 MPa 吸附平衡压力下的最大瓦斯解吸率呈现出逐渐减小的趋势,而在 0.84 MPa 和 2.5 MPa 吸附平衡压力下的最大瓦斯解吸率呈现出逐渐增大的趋势。

9.6　外加水分对瓦斯放散初速度的影响

为了分析外加水分增加后对煤的瓦斯放散初速度的影响,选用 YH 煤、GJZ 煤和 DL 煤在不同外加水分条件对煤的瓦斯放散初速度 ΔP 进行了测试。测试结果见图 9-31。

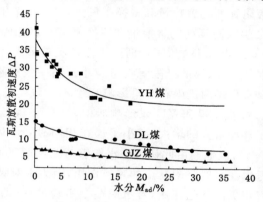

图 9-31　ΔP 随水分变化曲线

由图 9-31 可知,外加水分对 YH 煤、GJZ 煤和 DL 煤的 ΔP 均有影响,同一煤种煤样的外加水分越大,ΔP 越小。为了分析 ΔP 与外加水分的定量关系,对不同外加水分的 YH 煤、GJZ 煤和 DL 煤的 ΔP 进行了回归分析,回归结果见表 9-6。

回归结果表明,YH 煤、GJZ 煤和 DL 煤的 ΔP 随水分增加较好的服从指数式减小。可见,外加水分能降低煤层 ΔP。

表 9-6　　　　　　　　　　不同外加水分煤样 ΔP 回归模型

煤样	模型表达式	相关系数 $r/\%$
YH 煤	$\Delta P = 18.11e^{-0.16M_{ad}} + 20.11$	93.25%
GJZ 煤	$\Delta P = 3.64e^{-0.07M_{ad}} + 4.06$	99.07%
DL 煤	$\Delta P = 7.92e^{-0.09M_{ad}} + 7.01$	94.90%

第10章　外加水分对煤中瓦斯解吸的综合影响研究

由前述可知,在整个注水过程中主要发生了两个类型的解吸,即注水过程中的置换解吸和卸压后的卸压解吸。从实验数据来看,注水过程中,不管吸附平衡压力多大,水分对 YH 煤、GJZ 煤、QN 煤和 DL 煤吸附瓦斯的置换量和置换率均随着水分的增加逐渐增大。条件相近时,水分对 YH 煤吸附瓦斯的置换量和置换率最大,对 DL 煤和 QN 煤吸附瓦斯的置换量和置换率次之,对 GJZ 煤吸附瓦斯的置换量和置换率最小。相同吸附平衡压力下的煤样卸压后,YH 煤、GJZ 煤、QN 煤和 DL 煤干燥时的极限解吸量最大,注入外加水分后,煤的极限解吸量减小,且外加水分越大,煤的极限解吸量越小。同一吸附平衡压力下,外加水分对 YH 煤、GJZ 煤、QN 煤和 DL 煤的极限解吸量影响程度不一致。总的来看,外加水分对 DL 煤极限解吸量影响最大,对 QN 煤和 YH 煤影响居中,对 GJZ 煤极限解吸量影响最小。单纯从解吸量上来看,由于外加水分的增大,减小了煤在相同时间段内的瓦斯解吸量,这与部分学者研究结果一致[112,133],但他们由此认为注水能够对瓦斯解吸起到一定的抑制作用,在分析解吸数据时,并未考虑注水对吸附瓦斯的置换作用,因为水对吸附瓦斯的置换也属于解吸的一种,且对解吸起着积极的促进作用,若考虑整个实验过程,即考虑包括置换解吸和卸压解吸在内的总解吸数据,外加水分的增加对煤解吸瓦斯的综合影响究竟是促进还是抑制?不同外加水分含量对同一煤样在相同吸附平衡压力下的综合影响作用是否一致?相近外加水分含量对同一煤样在不同吸附平衡下的综合影响是否相近?外加水分含量对不同变质程度煤解吸瓦斯的综合影响是否存在差异?这些问题尚未得到解决。

外加水分对煤解吸瓦斯的综合影响效果可通过对比干燥煤样和注入外加水分煤样的总解吸量和卸压解吸后的残存瓦斯量获得。

10.1　煤的总解吸瓦斯量

总解吸量包括注水时的置换解吸量和卸压后的解吸量,若注入外加水分后煤样的总解吸量增大,即外加水分煤样总解吸量与干燥煤样总解吸量的差值为正,说明外加水分对煤的解吸起到促进作用,若注入外加水后煤样的总解吸量减小,即外加水分煤样总解吸量与干燥煤样总解吸量的差值为负,说明外加水分对煤的解吸起到抑制作用。根据实验数据计算的外加水分煤样的解吸总量变化量见表 10-1 和图 10-1 至图 10-4。

由图 10-1 至图 10-4 和表 10-1 可知,各煤样在相同吸附平衡压力下的解吸量变化量随水分增加并未呈现出一条水平直线,而是一条无规则的折线,这说明同一煤样在相同吸附平衡压力下的解吸量变化量随水分变化趋势并不一致。YH 煤在整个注水过程中,总解吸量在 0.5 MPa、0.84 MPa 和 1.5 MPa 吸附平衡压力下随水分增加呈现出先减后增的趋势,外加水分较低时,水分对解吸的整体影响以抑制为主,随着水分的增大,水分对解吸的整体影

表 10-1　外加水分煤样解吸瓦斯总量变化量

吸附平衡压力/MPa	YH 煤				GJZ 煤				QN 煤				DL 煤			
	含水量/%	解吸量/(mL/g)	置换量/(mL/g)	总量变化量/(mL/g)	含水量/%	解吸量/(mL/g)	置换量/(mL/g)	总量变化量/(mL/g)	含水量/%	解吸量/(mL/g)	置换量/(mL/g)	总量变化量/(mL/g)	含水量/%	解吸量/(mL/g)	置换量/(mL/g)	总量变化量/(mL/g)
0.5	0	8.53	0.00	0.00	0			0.00	0			0.00	0			0.00
	0.96	8.17	0.30	−0.06	1.28	0.1	−0.17	−0.07	2.15	0.55	−0.25	0.30	0.61	0.67	−0.52	0.15
	3.13	5.82	2.83	0.12	3.46	0.13	−0.26	−0.13	5.3	1.4	−0.63	0.77	4.69	0.85	−1.37	−0.52
	7.06	4.15	7.30	2.92	7.61	0.6	−0.37	0.23	7.1	1.83	−0.69	1.14	9.85	1.1	−1.77	−0.67
	12.04	3.45	7.60	2.52	10.21	0.9	−0.42	0.48	9.14	2.27	−0.73	1.54	10.94	1.63	−1.88	−0.25
0.84	0	15.2	0.00	0.00	0			0.00	0			0.00	0		0	0.00
	0.65	14.33	0.67	−0.20	1.42	1.62	−0.42	1.20	2.12	0.8	−0.84	−0.04	1.47	1.37	−2.05	−0.68
	2.81	9.63	5.70	0.13	3.95	1.88	−0.6	1.28	5.75	1.47	−1.04	0.43	2.24	2.13	−2.59	−0.46
	5.1	5.17	10.47	0.44	4.17	2.55	−0.68	1.87	6.71	1.8	−1.36	0.44	4.77	2.73	−3.25	−0.52
	8.39	4.82	11.00	0.62	9.81	1.95	−0.77	1.18	10.54	2.27	−1.5	0.77	10.07	3.2	−4.75	−1.55
1.5	0	18.25	0.00	0.00	0			0.00	0			0.00	0		0	0.00
	2.78	13.34	3.73	−1.18	2.17	0.33	−0.2	0.13	2.28	0.8	−1.49	−0.69	1.63	2.27	−2.87	−0.60
	3.77	11.38	7.35	0.48	3.44	0.47	−0.57	−0.10	5.35	1.33	−1.81	−0.48	4.76	3.57	−4.35	−0.78
	6.09	9.56	8.33	−0.36	5.21	0.9	−0.65	0.25	7.51	1.53	−2.21	−0.68	8.7	4.13	−5.42	−1.29
	15.78	7.92	10.97	0.64	9.43	0.6	−0.77	−0.17	10.97	2.27	−2.45	−0.18	11.61	5.33	−5.8	−0.47
2.5	0	24.66	0.00	0.00	0			0.00	0			0.00	0		0	0.00
	1.37	21.46	3.53	0.33	2.29	1.77	−0.93	0.84	1.66	1.5	−0.25	1.25	0.96	0.67	−1.97	−1.30
	4.33	18.75	6.27	0.36	6.01	2.53	−1.06	1.47	4.86	4.13	−0.63	3.50	2.81	3.13	−2.57	−1.10
	5.91	17.23	8.47	1.04	8.72	3.22	−1.2	2.02	8.89	4.6	−0.69	3.91	9.58	6.73	−4.32	−0.30
	10.03	13.92	11.88	1.14	10.47	3.57	−1.33	2.24	21.49	5.33	−0.73	4.60	11.94	6.83	−5.1	0.07

备注:表中总量变化量由"解吸量+置换量=干燥煤解吸量-湿煤解吸量"获得,其值大于 0 mL/g 时,说明解吸总量增大,外加水分起到促进瓦斯解吸的作用;若其值小于 0 mL/g,说明解吸总量减小,外加水分起到抑制瓦斯解吸的作用。

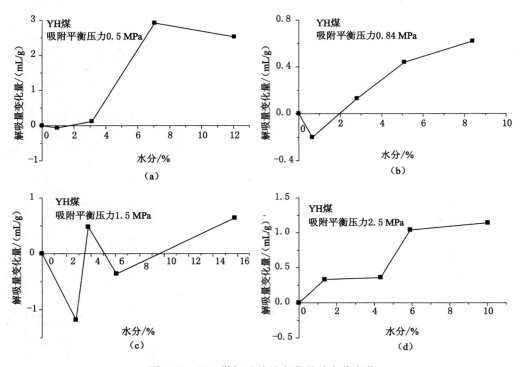

图 10-1　YH 煤解吸总量变化量随水分变化

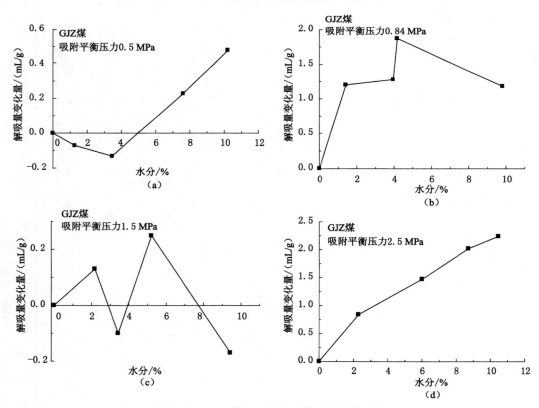

图 10-2　GJZ 煤解吸总量变化量随水分变化

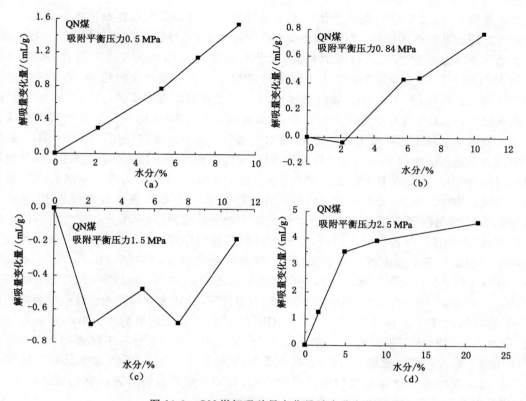

图 10-3 QN 煤解吸总量变化量随水分变化

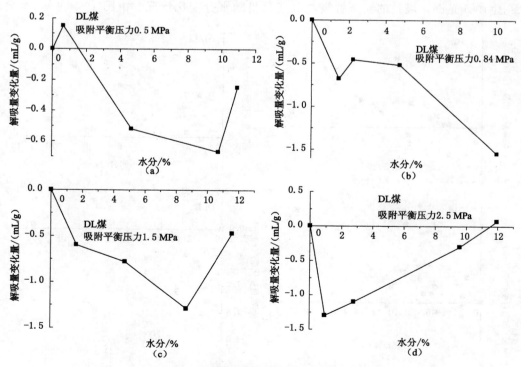

图 10-4 DL 煤解吸总量变化量随水分变化

响以促进为主；在 2.5 MPa 吸附平衡压力下随外加水分增加呈现出逐渐增大的趋势，水分对解吸起到积极的促进作用。GJZ 煤在整个注水过程中，总解吸量在 0.5 MPa 吸附平衡压力下随水分增加呈现出先减后增的趋势，水分对解吸的整体影响有促有抑；总解吸量在 0.84 MPa 和 2.5 MPa 吸附平衡压力下随水分增加呈现出逐渐增大的趋势，水分对解吸起到积极的促进作用；在 1.5 MPa 吸附平衡压力下随水分增加有增有减，水分对解吸的整体影响有促有抑。QN 煤在整个注水过程中，总解吸量在 0.5 MPa 和 2.5 MPa 吸附平衡压力下随水分增加呈现出逐渐增大的趋势，水分对解吸起到积极的促进作用；在 0.84 MPa 吸附平衡压力下随水分增加呈现出先减后增的趋势，水分对解吸的整体影响有促有抑，水分较低时起到抑制作用，水分含量大时起到促进作用；在 1.5 MPa 吸附平衡压力下随水分增加呈现出先减后增的趋势，水分对解吸起到较强的抑制作用。DL 煤在整个注水过程中，总解吸量在 0.5 MPa 吸附平衡压力下随水分增加呈现出先增后减的趋势，水分对解吸的整体影响有促有抑，水分较低时起到促进作用，水分大时起到抑制作用；在 0.84 MPa 吸附平衡压力下随水分增加呈现出逐渐减小的趋势，水分对解吸起到较强的抑制作用；在 1.5 MPa 和 2.5 MPa 吸附平衡压力下随水分增加呈现出先减后增的趋势，水分对解吸起到较强的抑制作用。由此可知，同一煤种在不同吸附平衡压力条件下，外加水分对煤的总体解吸影响效果并不一致，如对 YH 煤在 0.5 MPa、0.84 MPa 和 1.5 MPa 吸附平衡压力下的解吸有促有抑，而对 2.5 MPa 吸附平衡压力下的解吸起到促进作用。外加水分对不同煤种在相同吸附平衡压力下解吸影响效果亦不一致，如在 0.5 MPa 吸附平衡压力下，外加水分对 YH 煤和 GJZ 煤的解吸随水分增加呈现先抑后促的趋势，对 QN 煤的解吸起着积极的促进作用，对 DL 煤的解吸随水分增加呈现出先促后抑的趋势。

图 10-5 是同一煤种的瓦斯解吸总量变化量随水分变化情况。由图 10-5 可知，水分对

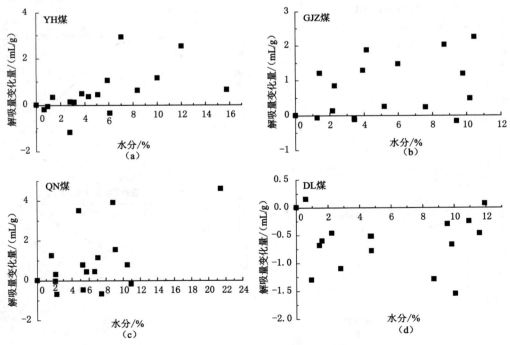

图 10-5　不同煤解吸总量变化量随水分变化

YH 煤、GJZ 煤和 QN 煤解吸瓦斯总量的变化量绝大多数大于 0,只有一小部分数据小于 0,说明外加水分对 YH 煤、GJZ 煤和 QN 煤解吸瓦斯总体效果有抑有促,以促为主。水分对 DL 煤解吸瓦斯总量的变化量绝大多数小于 0,只有一小部分数据大于 0,说明外加水分对 DL 煤解吸瓦斯总体效果有抑有促,以抑为主。

10.2　煤的残存瓦斯含量

也可采用残存瓦斯含量法判断外加水分对煤的瓦斯解吸影响效果。注入外加水分前,同一煤样在相同吸附平衡压力下的吸附量相同,若解吸的瓦斯量较大,则残存的瓦斯量就小,若解吸的瓦斯较小,则煤中残存的瓦斯含量就大,煤的残存瓦斯量可通过吸附量和解吸量计算获得。干燥煤样和注入外加水分煤样卸压解吸后的残存瓦斯含量计算公式如下:

$$Q_{gx} = Q_{gj} + Q_{gc} \tag{10-1}$$
$$Q_{sx} = Q_{gx} - Q_{zh} \tag{10-2}$$
$$Q_{sj} = Q_{sx} - Q_{sc} \tag{10-3}$$

式中　Q_{gx}——标准状态下干燥煤样吸附瓦斯量,mL/g;

　　　Q_{gj}——干燥煤样标准状态下最大瓦斯解吸量,mL/g,实测获得;

　　　Q_{gc}——干燥煤样标准状态下残存瓦斯量,mL/g,实测获得;

　　　Q_{sx}——注水后煤样标准状态下吸附瓦斯量,mL/g;

　　　Q_{zh}——标准状态下注水后置换瓦斯量,mL/g,实测获得;

　　　Q_{sj}——注水煤样标准状态下最大瓦斯解吸量,mL/g,实测获得;

　　　Q_{sc}——注水煤样标准状态下残存瓦斯量,mL/g。

由式(10-2)和式(10-3)可得:

$$Q_{sc} = Q_{gx} - Q_{zh} - Q_{sj} \tag{10-4}$$

采用残存瓦斯量评判外加水分对煤解吸瓦斯的综合影响效果时,若外加水分煤样的残存瓦斯量比干燥煤样的残存瓦斯量小,说明外加水分增大了煤的解吸量,对煤的解吸起到促进作用;若外加水分煤样的残存瓦斯量比干燥煤样的残存瓦斯量大,说明外加水分减小了煤的解吸量,对煤的解吸起到抑制作用。根据实验数据计算的 YH 煤、GJZ 煤、QN 煤和 DL 煤不同外加水分条件下的残存瓦斯量见表 10-2。

表 10-2　　　　　　　　　　　　不同外加水分煤样残存瓦斯含量

吸附平衡压力/MPa	YH 煤		GJZ 煤		QN 煤		DL 煤	
	含水量/%	残存量/(mL/g)	含水量/%	残存量/(mL/g)	含水量/%	残存量/(mL/g)	含水量/%	残存量/(mL/g)
0.5	0	6.17	0	1.20	0	5.07	0	1.67
	0.96	6.23	1.28	1.27	2.15	4.77	0.61	1.52
	3.13	6.05	3.46	1.33	5.3	4.30	4.69	2.19
	7.06	3.25	7.61	0.97	7.1	3.93	9.85	2.34
	12.04	3.65	10.21	0.72	9.14	3.53	10.94	1.92

吸附平衡压力/MPa	YH 煤		GJZ 煤		QN 煤		DL 煤	
	含水量/%	残存量/(mL/g)	含水量/%	残存量/(mL/g)	含水量/%	残存量/(mL/g)	含水量/%	残存量/(mL/g)
0.84	0	5.60	0	3.02	0	5.46	0	1.67
	0.65	5.80	1.42	1.82	2.12	5.50	1.47	2.35
	2.81	5.47	3.95	1.74	5.75	5.03	2.24	2.13
	5.10	5.16	4.17	1.15	6.71	5.02	4.77	2.19
	8.39	4.98	9.81	1.84	10.54	4.69	10.07	3.22
1.5	0	6.27	0	4.18	0	6.34	0	2.67
	2.78	7.45	2.17	4.05	2.28	7.03	1.63	3.27
	3.77	5.79	3.44	4.28	5.35	6.82	4.76	3.45
	6.09	6.63	5.21	3.93	7.51	7.02	8.7	3.96
	15.78	5.63	9.43	4.35	10.97	6.52	11.61	3.14
2.5	0	6.36	0	5.47	0	10.13	0	3.33
	1.37	6.03	2.29	4.63	1.66	8.88	0.96	4.63
	4.33	6.00	6.01	4.00	4.86	6.63	2.81	4.43
	5.91	5.32	8.72	3.45	8.89	6.22	9.58	3.63
	10.03	5.22	10.47	3.23	21.49	5.53	11.94	3.26

根据表 10-2，YH 煤、GJZ 煤、QN 煤和 DL 煤的残存瓦斯量随外加水分变化情况见图 10-6 至图 10-9。

由图 10-6 至图 10-9 和表 10-2 可知，各煤样在相同吸附平衡压力下的残存瓦斯量随水分增加并未呈现出一条水平直线，而是一条无规则的折线，这说明同一煤样在相同吸附平衡压力下的残存瓦斯量随水分变化趋势并不一致。YH 煤的残存瓦斯量在 0.5 MPa、0.84 MPa 和 1.5 MPa 吸附平衡压力下随水分增加呈现出先增后减的趋势，外加水分较低时，水分对解吸的整体影响以抑制为主，随着水分的增大，水分对解吸的整体影响以促进为主；残存瓦斯量在 2.5 MPa 吸附平衡压力下随外加水分增加呈现出逐渐减小的趋势，说明水分对解吸起到积极的促进作用。GJZ 煤残存瓦斯量在 0.5 MPa 吸附平衡压力下随水分增加呈现出先增后减的趋势，与干燥煤样相比有大有小，说明水分对解吸的整体影响有促有抑；残存瓦斯量在 0.84 MPa 和 2.5 MPa 吸附平衡压力下随水分增加呈现出逐渐减小的趋势，说明水分对解吸起到积极的促进作用；残存瓦斯量在 1.5 MPa 吸附平衡压力下随水分增加有减有增，与干燥煤样相比有大有小，说明水分对解吸的整体影响有促有抑。QN 煤的残存瓦斯量在 0.5 MPa 和 2.5 MPa 吸附平衡压力下随水分增加呈现出逐渐减小的趋势，说明水分对解吸起到积极的促进作用；残存瓦斯量在 0.84 MPa 吸附平衡压力下随水分增加呈现出先增后减的趋势，与干燥煤样相比有大有小，说明水分对解吸的整体影响有促有抑，水分较低时起到抑制作用，水分含量大时起到促进作用；残存瓦斯量在 1.5 MPa 吸附平衡压力下随水分增加呈现出先增后减的趋势，但与干燥煤样相比总体上是增大的，说明水分对解吸起到较强的抑制作用。DL 煤残存瓦斯量在 0.5 MPa 吸附平衡压力下随水分增加呈现出先减

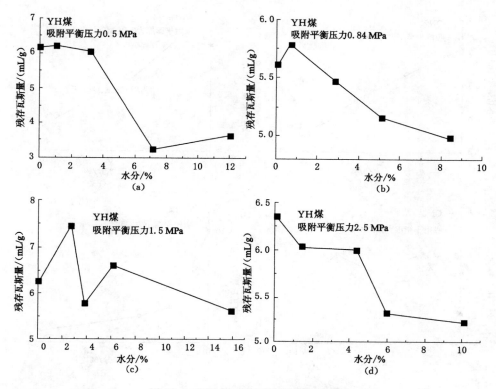

图 10-6　YH 煤残存瓦斯量随水分变化

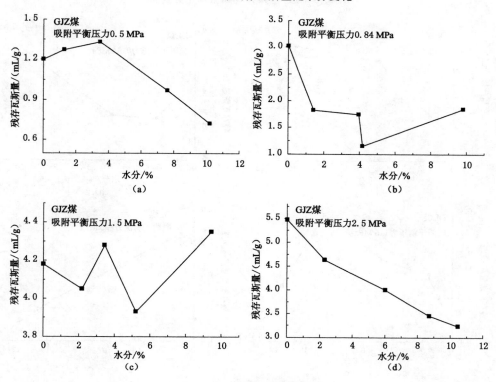

图 10-7　GJZ 煤残存瓦斯量随水分变化

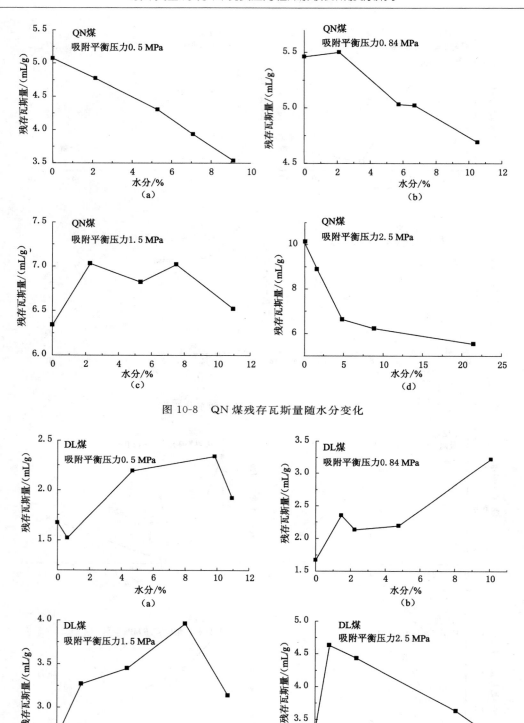

图 10-8　QN 煤残存瓦斯量随水分变化

图 10-9　DL 煤残存瓦斯量随水分变化

后增的趋势,与干燥煤样相比有大有小,说明水分对解吸的整体影响有促有抑,水分较低时起到促进作用,水分含量大时起到抑制作用;残存瓦斯量在 0.84 MPa 吸附平衡压力下随水分增加呈现出逐渐增大的趋势,与干燥煤样相比总体是增大的,说明水分对解吸起到较强的抑制作用;残存瓦斯量在 1.5 MPa 和 2.5 MPa 吸附平衡压力下随水分增加呈现出先增后减的趋势,但与干燥煤样相比总体上是增大的,说明水分对解吸起到较强的抑制作用。由此可知,同一煤种在不同吸附平衡压力条件下,外加水分对煤的总体解吸影响效果并不一致,如对 YH 煤在 0.5 MPa、0.84 MPa 和 1.5 MPa 吸附平衡压力下的解吸有促有抑,而对 2.5 MPa 吸附平衡压力下的解吸起到促进作用。外加水分对不同煤种在相同吸附平衡压力下解吸影响效果亦不一致,如在 0.5 MPa 吸附平衡压力下,外加水分对 YH 煤和 GJZ 煤的解吸随水分增加呈现先抑后促的趋势,对 QN 煤的解吸起着积极的促进作用,对 DL 煤的解吸随水分增加呈现出先促后抑的趋势。

由同一煤种不同吸附平衡压力下的残存瓦斯量随水分变化情况可知,YH 煤、GJZ 煤和 QN 煤的残存瓦斯量随着外加水分的增大呈现出逐渐减小的趋势,说明外加水分总体上对 YH 煤、GJZ 煤和 QN 煤的瓦斯解吸起到促进作用;DL 煤的残存瓦斯量随着外加水分的增大呈现出逐渐增大的趋势,说明外加水分总体上对 DL 煤的瓦斯解吸起到抑制作用。

第三篇
负压环境对粒煤瓦斯
解吸影响规律

第 11 章　实验装置的搭建及煤样的制备

11.1　实　验　装　置

　　在实验室对负压环境下煤的瓦斯解吸规律研究还比较少,前人虽对这方面有所探索,但其研制的模拟实验装置因其缸体与内部活塞之间的静摩擦力较大,造成了实验在初始时期煤样解吸的瓦斯量不足以在短时间内克服两者之间的静摩擦力而推动活塞向下运动,此时在等容的空间内瓦斯量增加,会使缸体内的负压变动,以致于出现一定的实验误差,影响测试前几分钟的解吸量和解吸速度的测定精确度。

　　针对目前负压解吸装置现状和本书研究内容,需要一套能够提供不同解吸负压环境,且可以调整至 10 kPa、20 kPa、30 kPa、40 kPa 的实验解吸负压;另外,该装置提供的负压受环境气压影响较小,解吸的瓦斯对环境负压改变不大。为了降低测试数据读取的工作强度,应能够对实验解吸数据实时采集,以满足研究需要。

　　针对研究对实验装置的要求,利用实验室现有的负压抽采模拟实验装置进行改装,负压抽采模拟实验装置由负压抽采模拟管路(以下均简称负压管路)和水环式真空泵组成,该装置可以提供一定的负压环境,且负压可以通过调节水环式真空泵调节阀对管路内的负压进行调节,因此,可以利用负压抽采模拟实验装置提供实验所需的负压环境。在此装置基础上,加装吸附平衡单元、解吸测定单元、恒温单元,搭建成本书实验所需的负压解吸模拟测试装置。实验装置具体组成如下:

11.1.1　实验装置的基本组成

　　在实验室现有的负压抽采模拟实验装置的基础上,搭建了一套负压环境瓦斯解吸规律实验装置。搭建的实验装置结构示意图如图 11-1 所示。

　　如图 11-1 所示,实验装置可以对负压环境下的瓦斯解吸进行实时监测,整个装置由真空脱气单元、吸附平衡单元、恒温单元、负压加载单元和解吸量测定单元等五部分组成。

　　(1) 真空脱气单元

　　该单元主要功能是在实验开始前消除煤样罐内空气对实验的影响,需要将管内真空度抽至 20 Pa 以下。

　　主要仪器由真空泵、电阻真空计、真空规管、阀门及连接管线组成。各仪器规格及参数如下:

　　真空泵:上海真空泵厂有限公司生产,2XZ-2BD 型,抽气速率 2 L/s,极限压力 $\leqslant 2 \times 10^{-2}$ Pa;

　　电阻真空计:上海云捷真空仪器公司生产,ZDZ-52 型,测量范围 $1 \times 10^{-2} \sim 1 \times 10^{5}$ Pa。

　　(2) 吸附平衡单元

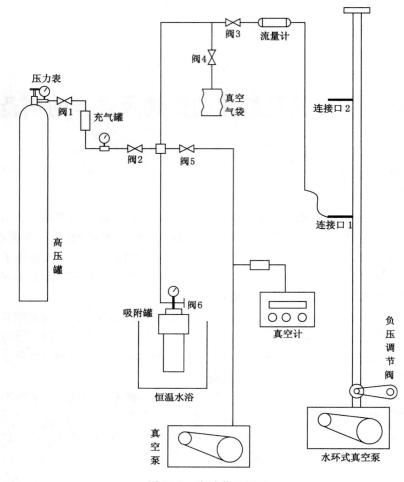

图 11-1　实验装置原理

吸附平衡单元要能够保证煤样根据实验内容的需要使煤样吸附平衡至某一压力下,该单元主要由精密压力表、甲烷气源、充气罐、煤样罐和阀门等组成,仪器的型号和生产厂家如下:

精密压力表:型号 YB-150A,测量范围 0～4 MPa,精度为 0.4 级,中国浙江红旗仪表有限公司生产;

煤样罐及配套阀门:煤样罐耐压为 16 MPa,不锈钢材质,江苏省科创阀业有限公司生产,如图 11-2 所示;

甲烷气源:压力为 6 MPa,浓度为 99.99%;

充气罐:不锈钢材质,耐压为 16 MPa。

（3）恒温单元

温度是影响煤吸附和解吸的重要因素,不同温度下煤对甲烷的吸附量和解吸量都不同,且较小的温度变化就会破坏原有已经吸附平衡的煤样的平衡状态,因此实验吸附和解吸的过程必须在恒定的温度下进行。本次实验采用恒温器保证煤样一直处于温度不变的条件下。恒温器规格如下:

图 11-2　实验用煤样罐

　　超级恒温器:501A 型超级恒温器,控制温度范围为 0~95 ℃、±0.01 ℃,上海实验仪器厂有限公司生产。

　　(4) 负压加载单元

　　该单元的主要功能是提供煤样解吸的负压环境。主要由负压管路、水环式真空泵以及 U 型汞柱计组成。负压管路:与水环式真空泵配合提供实验所需要的负压环境,保证煤样在解吸过程中负压恒定,为研究负压取样环境下煤的瓦斯解吸规律及与其相近的实验提供了实验平台。管路为硬质橡胶管,内径 $\phi=40$ mm,外径 $\phi=50$ mm,长度 10 m,上开透气小孔,实物图如图 11-3 所示。

图 11-3　负压管路

　　水环式真空泵:真空泵采用淄博艾格泵业有限公司生产的 SK-3 型水环式真空泵,通过调节装在真空泵上的调节阀门,改变气体管路的截面积来调节管路中气体的流速,气体流速的变化就导致了管路中气体压强的改变,从而改变管路与外界大气压间的压差,即达到调节管路中的负压的目的。水环式真空泵的负压调节范围为 0~85 kPa,可以根据实验需要,调节至相应负压。

SK-3 型水环式真空泵的各项基础参数如表 11-1 所示,泵的工作性能曲线如图 11-4 所示。

表 11-1　　　　　　　　　　　　　　**SK-3 型水环式真空泵参数**

抽气量 /(m³/min)		真空泵 极限压力		功率 /kW		泵转速 /(r/min)	压缩机压力 /MPa	口径 /mm		整机尺寸 (长×宽×高) /mm
最大	吸入压力为 −450 mmHg	mmHg	kPa	真空泵	压缩机			进	出	
3	2.8	−700	93	5.5	7.5	1 440	0−0.1	70	70	1 122×504×475

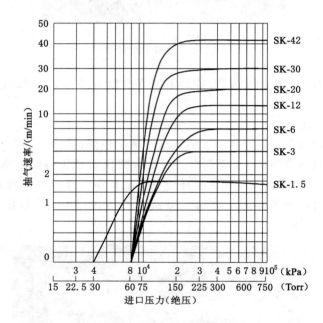

图 11-4　SK 系列水环式真空泵特性曲线图

U 型汞柱计:检测实验过程中负压管路内的负压。测量范围:0~60 kPa,河北省武强县三强仪表厂生产,实物如图 11-5 所示。

(5) 解吸量测定单元

测定煤样解吸过程中流过皂膜流量计的瓦斯解吸速度,将负压环境下的瓦斯解吸速度换算为标准状态下的解吸速度,通过计算单位时间内瓦斯解吸量,累加后得到不同解吸时间时的累计解吸量。

该单元主要由连接管路、玻璃三通阀门、真空气袋、皂膜流量计等组成,主要仪器的型号和生产厂家如下:

真空气袋:普通医用真空气袋,容量 50 L;

流量计:GL-103A 型数字皂膜流量计,量程 2~2 000 mL/min,时间范围 0.1~600.0 s,测量精度 $\Delta Q \leqslant \pm 2\%$,北京捷思达仪分析仪器研发中心生产,该装置能够自动对解吸数据进行采集,实物如图 11-6 所示。

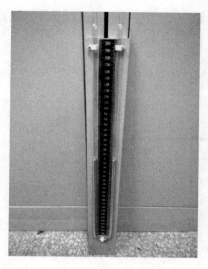

图 11-5　U 型汞柱计

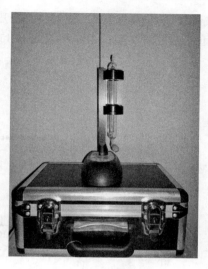

图 11-6　皂膜流量计

11.1.2　负压加载单元稳定性考察

在实验进行过程中,水环式真空泵打开工作时,负压管内的气流通过管上的进气孔与外界发生交换,使负压管路中气流处于动态平衡状态,钻孔负压管路中的负压一直维持在一个稳定的状态。为了验证实验过程中负压管路内的气压大小,设计以下实验考察实验过程中负压管路内负压环境的稳定性。

首先连接吸附平衡压力为 2.5 MPa 的煤样罐与连接口 1,将钻孔模拟管路内的负压调节为相应负压,再将注入水银的 U 型管一端与连接口 2 连接,一端与大气相接通,固定负压调节阀不动,打开水环式真空泵,2 min 后打开煤样罐使游离瓦斯向集气袋中排放,当压力表指针为 0 时,转动三通阀使煤样向负压管路内解吸瓦斯,每隔 10 min 读取 U 型管两端的液面差并做以记录,考察实验时间为 360 min。考察结果如图 11-7 所示。

由图 11-7 可以看出,负压管路内的负压没有变化。为了提高考察实验的精确度,进一

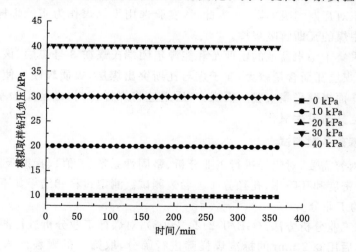

图 11-7　不同负压下管路内负压随时间变化曲线图

步考察管内的负压稳定性,将管路内负压调节为 10 kPa,U 型管内注入纯度为 95％的酒精,再次重复此考察实验。考察结果如图 11-8 所示。

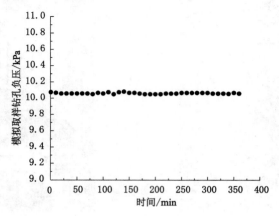

图 11-8　10 kPa 下管路内负压随时间变化曲线图

整个实验过程中,煤样一直向负压管路内解吸瓦斯,由图 11-8 可以看出,管路内的负压浮动很小,最大浮动仅有 85 Pa,仅占实验 10 kPa 的 0.85％,不足 1％,可以视为实验过程中负压恒定。

可见,煤样解吸的瓦斯量及外界环境的变化对负压管内的负压影响甚微,可以认为模拟实验管内负压是恒定的,采用此系统进行负压下的解吸实验是合理的。

11.2　煤样的选择及相关基础参数测试

11.2.1　煤样的选择

为了研究负压对煤的瓦斯解吸特性的影响,选择吸附能力强、解吸量较大的煤样进行实验,考虑到无烟煤变质程度高,吸附瓦斯量大,吸附瓦斯能力强,同等条件下的解吸量大,更有利于分析负压对瓦斯解吸的影响,为此,该实验选用无烟煤作为实验煤样,并以此来研究负压取样过程中煤的瓦斯解吸规律。

实验煤样采集于沁水盆地的山西沁和能源集团端氏煤矿 3 号煤层,该煤层属于典型的高变质无烟煤,煤层瓦斯含量较大,属于煤与瓦斯突出煤层,煤质较硬。使用刻槽法在新鲜暴露的掘进工作面煤壁采集实验所需煤样,后迅速将煤样密封,送至实验室制样,防止煤样因长时间接触空气而发生氧化。

11.2.2　煤样基础参数测试

按照研究内容需要,对煤样进行工业分析、坚固性系数(f 值)、瓦斯吸附常数(a、b 值)、煤的真/视相对密度和孔隙率、孔径分布等参数测试。测定过程和结果如下:

(1)煤样的工业分析

根据《煤的工业分析方法》(GB/T 212—2008),对煤样工业分析进行测试。取一定量的煤样进行粉碎,后用 0.2 mm 的标准煤样筛进行筛分,取筛下的颗粒装入磨口瓶中密封待用。分析结果见表 11-2。

表 11-2　　　　　　　　　　　　　　　**实验煤样的工业分析结果**

煤样	工业分析		
	水分 M_{ad}/%	灰分 A_{ad}/%	挥发分 V_{ad}/%
端氏煤矿 3 号煤层	1.08	11.72	8.90

（2）煤样的坚固性系数测定

煤的坚固性系数是表征煤在几种变形方式（压缩、拉伸、剪切）的组合作用下抵抗外力破坏能力的一个综合性指标，与煤种所含的水分以及煤质等因素有关，利用坚固性系数 f 表示。本书采用实验室常用的落锤法进行测定，得到实验所用煤样的坚固性系数为 1.46。

（3）煤样的瓦斯吸附常数（a、b 值）

煤的瓦斯吸附常数（a、b 值）是衡量煤吸附瓦斯能力大小的指标，决定着煤样在不同压力下吸附瓦斯量的多少。a 值的物理意义是当瓦斯压力趋向无穷大时，煤的可燃质极限瓦斯吸附量，单位 cm^3/g；b 值代表等温吸附曲线的斜率，其值的大小与煤的瓦斯解吸能力和难易程度有关，b 值越大，煤样的初始瓦斯解吸量越大。

实验室对煤的瓦斯吸附常数的测定最常用的是高压容量法，本书也采用此方法对实验用煤样进行吸附常数的测定。其原理为：煤是一种多空隙的介质，煤体内部存在着大量孔隙，具有很大的表面积，因此煤是一种天然吸附剂。瓦斯作为一种吸附质，在一恒定温度下，吸附量与压力关系较好地符合朗缪尔（Langmuir）方程：

$$X = \frac{abP}{1 + bP} \tag{11-1}$$

式中　X——P 压力下的吸附量，m^3/t；

　　　　a——吸附常数，当 $P \rightarrow \infty$ 时，即为饱和吸附量，m^3/t；

　　　　b——吸附常数，MPa^{-1}。

根据高压容量法的测试要求，制备测试 a、b 值的煤样样品：取一定质量的煤样粉碎，用 60～80 目的煤样筛对粉碎后的煤样进行筛分，取其之间的煤样颗粒装入磨口瓶中密封待用，煤样质量不少于 100 g。

经过测试，实验用煤样端氏煤矿 3 号煤层煤的吸附常数为：$a = 40.984$ m^3/t，$b = 1.048$ MPa^{-1}。

（4）实验煤样的真/视相对密度和孔隙率测定

煤的真相对密度和视相对密度测定方法参照国家标准《煤的真相对密度测定方法》（GB/T 217—2008）和《煤的视相对密度测定方法》（GB/T 6949—2010）进行测定。

在煤颗粒的内部和外部表面分布着大小、形状不等的孔隙，凡不为煤所占有的煤粒内部的空间都是煤的孔隙，孔隙率可由下式计算得到。

$$\Phi = (TRD^{2020} - ARD^{2020})/TRD^{2020} \times 100\% \tag{11-2}$$

式中　Φ——煤的孔隙率，%；

　　　　TRD^{2020}——煤的真相对密度；

　　　　ARD^{2020}——煤的视相对密度。

实验煤样的真/视相对密度及孔隙率测定结果见表 11-3。

实验煤样	真相对密度 TRD^{2020}	视相对密度 ARD^{2020}	孔隙率/%
端氏煤矿 3 号煤层	1.59	1.50	5.25

表 11-3 　　　　　　　　　　**实验煤样的真/视相对密度和孔隙率测定结果**

（5）煤样孔径分布

实验室常用压汞法测试煤样孔径分布，研究表明：在各类液体中，汞的表面张力最大，几乎难以润湿所有固体。压汞法是基于毛细阻力原理，汞对煤具有非润湿性，需要不断施加压力，汞才能逐渐进入煤体孔隙内，施加压力越大，汞进入更小孔径的可能性越大。实验通过测定不同压力下进入煤孔隙的汞体积，基于不同孔径大小 γ 与孔隙内充满汞所需压力 P 的函数关系式，得到煤样孔径的分布规律：

$$r = \frac{-2\gamma\cos\theta}{P} \tag{11-3}$$

式中　　r——孔径，nm；

　　　　γ——汞的表面张力，取 4.85×10^{-3} N/m；

　　　　θ——汞与煤样的接触角，取 130°；

　　　　P——外界压力，取 10^6 Pa。

本实验采用美国麦克仪器公司生产的 AUTOPORE E9505 型压汞仪（图 11-9），可输入的压力范围为 $0 \sim 228$ MPa，孔径测量范围为 $0.005 \sim 360.000$ μm。实验首先制备粒度为 $3 \sim 6$ mm 煤样，在 100 ℃ 条件下干燥 48 h；然后进行装样，放入压汞仪中先后进行低压站测试与高压站测试，得到施加压力 P 与进入孔隙中汞体积量的关系曲线；最后分析曲线，得到煤样孔径的分布规律。按照上述方法实测了端氏煤矿 3 号煤层煤样孔径的分布规律，孔容和比表面积分布结果如表 11-4 和表 11-5 所示。

图 11-9　AUTOPORE E9505 型压汞仪

由表 11-4 可以看出，端氏煤矿 3 号煤层煤的各类孔分布中，大孔的孔容占的比例最大，达到 41.51%，其次是微孔和小孔，所占比例分别为 29.61% 和 28.81%，中孔孔容所占比例最小。

由表 11-5 可以看出，煤样的比表面积在各类孔分布中，微孔的比表面积所占比例是最大的，达到 74.62%，其次是小孔，大孔和中孔的比表面积所占的比例最低，仅占煤比表面积的 0.02% ~ 0.03%。

表 11-4　　　　　　　　　　　　　　　煤样的孔容分析结果

煤样	孔径类型	孔径范围/nm	孔容/(mL/g)	总孔容积/(mL/g)	百分比/%
端氏煤矿 3 号煤层	大孔	1 000	0.017 1	0.041 2	41.51
	中孔	100～1 000	0.000 3		0.07
	小孔	10～100	0.011 7		28.81
	微孔	<10	0.012 2		29.61

表 11-5　　　　　　　　　　　　　　　煤样的比表面积分析结果

煤样	孔径类型	孔径范围/nm	比表面积/(m²/g)	总比表面积/(m²/g)	百分比/%
端氏煤矿 3 号煤层	大孔	1 000	0.002	8.897	0.02
	中孔	100～1 000	0.003		0.03
	小孔	10～100	2.254		25.33
	微孔	<10	6.638		74.62

（6）煤样的显微组分

煤的显微组分指的是煤在显微镜下能够辨识和区分的基本成分。按其成分和性质可分为无机显微组分和有机显微组分。其中有机显微组分是在显微镜下观测到的由植物有机质转化而成的组分，根据煤形成前及形成过程中的原始物质、成因环境、观测到的特征和性质的差异，国际上又将煤的有机显微组分划分为镜质组、惰质组和壳质组，各显微组分特征分述如下：

① 镜质组

镜质组由植物的木质素、纤维素经凝胶化作用转化形成，它是腐植煤中最主要的显微组分。镜质组的裂隙发育，性脆，密度 1.27～1.80 g/cm³，中、微孔发育，孔径一般 50 nm～2 mm。我国煤的镜质组含量大多数在 55%～80%，镜质组中的氧含量最高，挥发分和氢含量处于壳质组和惰质组之间。

② 惰质组

惰质组是由植物的木质纤维组织经丝炭化作用转化而成，它是煤中第二位常见的显微组分。惰质组的碳含量和芳构化程度高，氧含量和氢含量低。

③ 壳质组

壳质组是由植物中化学稳定性较强的成分（高等植物的树皮、繁殖器官、分泌物及藻类）形成的，该组分在成煤过程中几乎没有发生质的变化。在各显微组分中，壳质组的氢含量、挥发分产率和产烃率最高，壳质组中富含脂肪酸、饱和烃、萜烯和甾类化合物，壳质组的密度较小。

根据煤的显微组分和矿物测定方法进行测试，得到：煤样的显微组分有机组分为 95.06%。有机组分中镜质组占 49.72%，为变均质镜质体，以细粒镶嵌结构为主，其次为中粒镶嵌结构，少数片状；惰质组占 45.34%，以粗粒体为主，为各向同性的丝质体；未见壳质组。无机组分占 4.94%，全部为黏土类，呈黑色，细分散状，条带状为主，未见硫化物及碳酸盐。

第12章　煤中瓦斯负压解吸规律模拟实验研究

煤层瓦斯含量是煤层瓦斯主要参数之一，它是矿井瓦斯资源评价、矿井通风设计、制定矿井瓦斯防治措施的依据，瓦斯含量测值的准确性不但制约矿井瓦斯危险程度预测的可靠性，而且影响以瓦斯危险程度预测为依据而制定的瓦斯防治措施的有效性与经济性，甚至可能危及矿井安全生产。

目前，在我国井下测定煤层瓦斯含量应用最广泛的方法是钻屑解吸法，采样方法普遍采用机械/风力排粉孔口接样法，这种方法难以实现定点取样，且容易混样，特别是区域消突效果检验时，针对煤层长钻孔（50～200 m），存在取样时间过长、损失量推算不准的问题，严重地制约了煤层瓦斯含量的准确测定。为此，我国学者经过长期的钻研，利用压风引射器形成负压原理研制出一套能够实现定点取样的 ZCY-Ⅰ型钻孔引射取样装置，该装置能够在较短的时间内（<3 min）利用负压引射的原理取出长钻孔孔底煤样，较好地克服了常规取样法的诸多缺点。但由于缺乏负压解吸规律模型，依旧沿用$\sqrt{t}$法计算负压取样过程中的损失瓦斯量，其合理性值得商榷。

上述工程问题给我们提出了一个科学问题：常压取样和负压取样环境下煤的瓦斯解吸规律存在哪些差异？常压取样条件下的损失量计算公式能否用到负压取样环境下？都是值得我们思考和研究的课题。为了分析负压取样环境下煤的瓦斯解吸规律，对比常压解吸环境及负压取样环境下煤的瓦斯解吸规律，本章利用自研的负压取样过程中煤的瓦斯解吸过程模拟实验装置，研究揭示负压取样过程中煤的瓦斯解吸规律。

12.1　煤中瓦斯负压解吸过程模拟测试方法

影响煤的瓦斯解吸规律因素主要有煤吸附瓦斯性能、煤的原始瓦斯压力、煤的破坏类型、粒度、煤样水分含量和温度等。考虑到采用井下解吸法测定瓦斯含量时间较短（一般1～2 h），井下环境温度变化不大，可以认为煤样是恒温解吸；由于水分对煤的瓦斯吸附性能影响较复杂，且为了使不同煤样解吸数据具有可比性，实验全部采用无水干燥煤样。煤样原始瓦斯压力利用模拟实验装置中的吸附平衡单元对煤样罐中煤样进行加压式定量吸附瓦斯方式获得，煤样的瓦斯吸附平衡压力可根据实验需要调节，瓦斯压力的表压值大小由煤样罐上的精密压力表（0.4 级）显示。

煤中瓦斯解吸的负压是通过负压管路由水环式真空泵加载的，可以将瓦斯解吸出口的压力调整为 40 kPa、30 kPa、20 kPa 和 10 kPa。瓦斯解吸量是通过串联在管路中的数字皂膜流量计测定并换算到标准状况的。模拟实验的解吸环境温度通过恒温水浴始终保持在（30±1）℃。

以下依照图 2-1 的实验装置原理图，简述负压取样过程中煤的瓦斯解吸过程模拟测试的实验步骤。

（1）准备煤样

将从井下采集到的原煤进行粉碎，用 1 mm 和 3 mm 标准筛筛分，取煤样粒径处于 1～3 mm 粒级的煤样，重量 500 g。设置烘箱温度为 105 ℃，将煤样放入烘箱中干燥约 10 h，去除煤样中水分；把干燥后的煤样装入煤样罐中，在煤样上部放置一层棉花，防止煤粒在实验中被吸入管路，然后密封煤样罐。

（2）煤样的真空脱气

开启恒温水浴、真空计和真空泵，设定水浴温度为（60 ± 1）℃，打开煤样罐阀门 6 和阀门 5，对煤样进行真空脱气，当真空计指示压力降到 20 Pa 以下时，关闭煤样罐阀门 6、阀门 5 和真空泵。

（3）煤样的瓦斯吸附平衡

将恒温水浴温度调整为（30±1）℃；打开浓度为 99.9％的高压瓦斯钢瓶阀门、充气罐前边的阀门 1 和煤样罐阀门 6，使高压瓦斯气体进入充气罐和连通管内，然后关闭阀门 1，读取充气罐内甲烷稳定后的压力值、环境温度和大气压；缓慢打开阀门 2，用充气罐中的瓦斯给煤样罐充气，当煤样罐内的瓦斯压力达到一定的压力值（一般为所需的吸附平衡压力 2 倍左右，或根据多次充气后所得经验值确定），快速关闭煤样罐的阀门 6 和充气罐阀门 2，罐内煤样经过一段时间吸附后，观察煤样罐内的瓦斯压力值，直至罐内瓦斯压力值不变，即认为煤样达到吸附平衡状态，读取此时的煤样罐平衡瓦斯压力。若煤样吸附平衡后，压力表示数高于实验所需平衡压力，则打开煤样罐阀门放掉适量瓦斯；若煤样吸附平衡后，压力表示数低于实验所需平衡压力，则再次给煤样补充瓦斯，如此多次，直至煤样吸附平衡后，压力表示数与实验所需平衡压力一致。

（4）负压的加载

① 准备好计时秒表，调节恒温水浴使之保持温度为（30±1）℃，记录室内气温和大气压（之后每 60 min 记录一次气温和大气压）。

② 将 U 型汞柱计与连接口 1 连接。

③ 向气水分离器内注水，待其内部水量达到 2/3～3/4 时停止注水，打开水环式真空泵，调节与水环式真空泵相连的负压调节阀 A，通过 U 型汞柱计两端的液面差计算管内的负压值，通过多次调节使管内的负压分别为 10 kPa、20 kPa、30 kPa、40 kPa。

④ 负压调节稳定后，断开 U 型汞柱计与连接口 1，再次连接流量计与连接口 1。

（5）负压条件下煤样的瓦斯解吸测定

① 吸附罐内游离瓦斯的排放：打开阀门 3 和阀门 6，使煤样罐内的游离气体进入之前抽为真空的气袋，当压力表指示为 0 时，迅速关闭阀门 4，打开阀门 3，同时按下秒表开始计时，使解吸瓦斯经过流量计进入与水环式真空泵相连的管路内。

② 煤中瓦斯负压解吸量的测定：打开阀门 3 和阀门 6 后，同时挤压流量计的胶帽，根据皂膜在流量计内运动的速度调整不同的挤压时间，计量流过流量计的瓦斯解吸量，煤样解吸 360 min 后终止测试。

③ 负压解吸量的数据处理：为了对比分析煤样在不同温度和大气压下的瓦斯解吸特征，需要将实测的瓦斯解吸量换算成标准状态下的体积，对于处于负压环境下的瓦斯解吸测定所得数据，根据下式换算：

$$Q_t = Q_c \cdot \frac{P_0 - P}{101\,325} \cdot \frac{273.15}{273.15 + t} \tag{12-1}$$

式中　　Q_t——标准状态下的瓦斯解吸量,mL;

　　　　Q_c——实验环境下实测瓦斯解吸量,mL;

　　　　P_0——大气压力,Pa;

　　　　P——实验设定负压值,Pa;

　　　　t——经过流量计的瓦斯温度,近似取测定时气温。

12.2　煤中瓦斯负压解吸模拟测试结果分析

为了探究负压取样过程中煤的瓦斯解吸规律,用加工好的煤样在图 2-1 所示的实验装置上进行负压取样过程的瓦斯解吸过程模拟测试。分别研究不同吸附平衡压力及不同负压取样环境下煤的瓦斯解吸规律,以下将分为两种情况对煤样瓦斯解吸过程进行模拟测试:一是设定相同的负压环境,对不同吸附平衡压力下煤样的瓦斯解吸过程进行模拟测试;二是设定相同的吸附平衡压力,对不同负压环境下煤的瓦斯解吸过程进行模拟测试。分别对比分析这两种情况下所得的数据,揭示负压取样过程煤的瓦斯解吸规律。

12.2.1　吸附平衡压力对煤的瓦斯解吸的影响

(1) 吸附平衡压力对瓦斯解吸量的影响研究

我国幅员辽阔,各矿区煤层赋存都存在差异,不同的煤层埋藏深度、围岩的透气性等造成煤层瓦斯含量和瓦斯压力有较大的差异,而大部分矿区的瓦斯压力都介于 0~2.5 MPa之间,因此将吸附平衡压力设定为 0.5 MPa、1.0 MPa、1.5 MPa、2.5MPa。然后在负压为10 kPa、20 kPa、30 kPa、40 kPa 的条件下对煤的瓦斯解吸过程进行测定,同时测定相同煤样在常压条件下的瓦斯解吸过程。

井下采用负压取样时,取样时间为 3 min,取样过程煤粒在钻杆内是负压解吸环境,对推算瓦斯损失量可能会造成一定影响,因此需要对前 3 min 的瓦斯解吸过程进行分析。通过实验数据的分析、比对,得到不同吸附平衡压力的煤样,在负压下和常压下的瓦斯解吸量与时间的关系曲线。实验结果见图 12-1 至图 12-6。

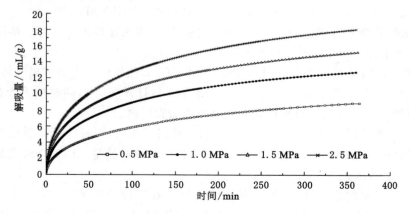

图 12-1　不同吸附平衡压力的煤样在常压(0 kPa)下的累计瓦斯解吸量

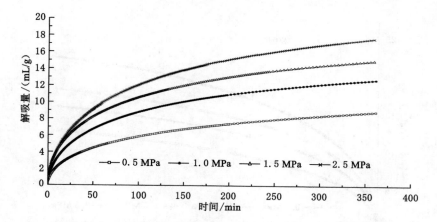

图 12-2　不同吸附平衡压力的煤样在负压 10 kPa 下的累计瓦斯解吸量

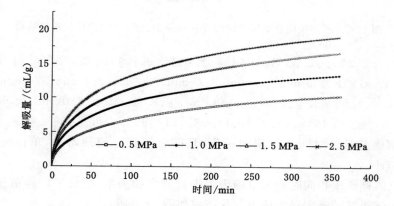

图 12-3　不同吸附平衡压力的煤样在负压 20 kPa 下的累计瓦斯解吸量

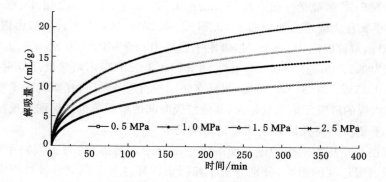

图 12-4　不同吸附平衡压力的煤样在负压 30 kPa 下的累计瓦斯解吸量

由图 12-5 可知,取样负压相同时,吸附平衡压力为 2.5 MPa 时,负压 40 kPa 下煤样解吸 60 min、120 min、180 min、240 min、300 min、360 min 的解吸量分别为 $Q(60)=12.40$ mL/g、$Q(120)=16.08$ mL/g、$Q(180)=18.46$ mL/g、$Q(240)=20.28$ mL/g、$Q(300)=21.92$ mL/g、$Q(360)=23.41$ mL/g,从数据上看,开始解吸后每 60 min 的解吸量增加量百

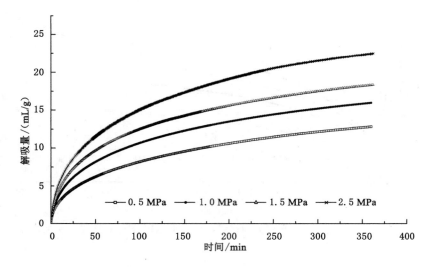

图 12-5　不同吸附平衡压力的煤样在负压 40 kPa 下的累计瓦斯解吸量

分比为 3.68％、2.38％、1.82％、1.64％、1.49％。同理，由图 12-6 可得，取样过程中（3 min）负压 40 kPa 下 0.5 min、1.0 min、1.5 min、2.0 min、2.5 min、3.0 min 的解吸量分别为 1.03 mL/g、1.56 mL/g、2 mL/g、2.39 mL/g、2.72 mL/g、3.02 mL/g，每 0.5 min 的增加量为 51.91％、28.49％、19.27％、14.03％、10.92％。可见，同一吸附平衡压力下，煤样的瓦斯解吸总量与时间呈单调增函数，且随着解吸时间的增加，单位时间解吸量的增加量逐渐减小。

　　为了研究取样负压相同时解吸量随吸附平衡压力的关系，统计了取样负压 30 kPa 时，不同时间下的解吸量随吸附平衡压力变化曲线如图 12-7 所示。

　　由图 12-7 可以得出，在煤样开始解吸 90 min 时，吸附平衡压力 0.5 MPa、1.0 MPa、1.5 MPa、2.5 MPa 的解吸量分别为 6.75 mL/g、9.50 mL/g、11.02 mL/g、13.65 mL/g，煤样的解吸量随吸附平衡压力的增大而增加了 40.74％、63.26％、102.22％；同理，由图 12-6 可得，取样负压为 40 kPa，取样时间为 3 min 时，吸附平衡压力 0.5 MPa、1.0 MPa、1.5 MPa、2.5 MPa 的解吸量分别为 1.27 mL/g、2.19 mL/g、2.68 mL/g、3.02 mL/g，解吸量随吸附平衡压力增加了 72.22％、110.35％、137.32％。可见，煤样在相同的负压条件下，瓦斯吸附平衡压力越大，在相同解吸时间内煤的解吸瓦斯总量越大，其他解吸时间的解吸量也都呈现此规律。

　　（2）吸附平衡压力对瓦斯解吸速度的影响研究

　　不同的煤层瓦斯压力对煤中的瓦斯解吸速度有一定的影响，为了探究不同吸附平衡压力对煤的瓦斯解吸速度的影响，分别分析了相同负压环境等温模拟解吸过程中，吸附平衡压力为 2.5 MPa、1.5 MPa、1.0 MPa、0.5 MPa 条件下的解吸速度，并绘制了解吸速度随时间的变化曲线，见图 12-8 至图 12-13。

　　取样负压为 40 kPa，吸附平衡压力为 2.5 MPa 条件下，煤样在解吸开始后的 10 s、20 min、30 min 的解吸速度为 1 316.32 mL/min、87.6 mL/min、68.07 mL/min，相比于初始解吸速度，20 min、30 min 时的解吸速度衰减了 93.35％、94.30％，第 20～30 min 解吸速度仅衰减了 0.95％；通过分析吸附平衡压力 1.5 MPa、1.0 MPa、0.5 MPa 的解吸速度可知，

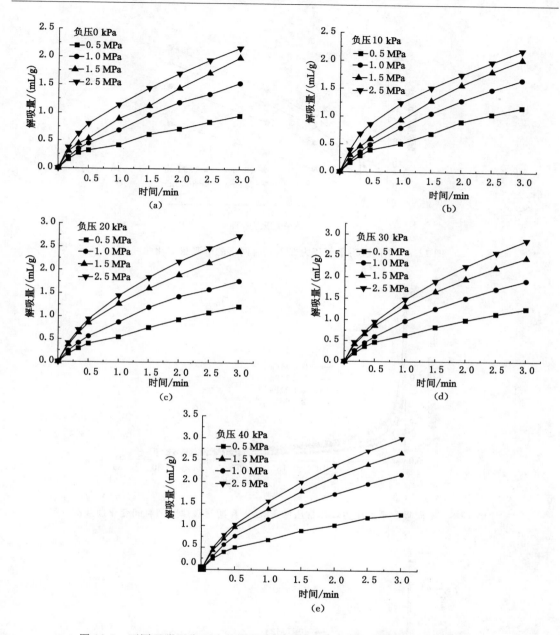

图 12-6　不同吸附平衡压力的煤样前 3 min 累计瓦斯解吸量随时间变化曲线

在开始解吸的前几分钟瓦斯解吸速度较大,实验开始 20 min 内解吸速度随时间的增加衰减超过 90%,第 20～30 min 解吸速度衰减小于 1%,而后解吸速度逐渐减小,最后趋于稳定。取样负压 10 kPa 条件下,吸附平衡压力 0.5 MPa、1.0 MPa、1.5 MPa、2.5 MPa 前 3 min 的瓦斯解吸速度衰减了 75.18%～78.34%,取样负压 20 kPa、30 kPa、40 kPa 条件下的前 3 min 瓦斯解吸速度分别衰减了 71.33%～80.80%、75.11%～81.27%、75.33%～82.50%,可见,取样过程中(3 min)瓦斯解吸速度衰减较快,均超过 70%。

取样负压 30 kPa,吸附平衡压力 2.5 MPa、1.5 MPa、1.0 MPa、0.5 MPa 的初始解吸速

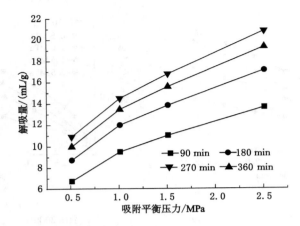

图 12-7　不同吸附平衡压力在不同时间下的解吸量变化曲线图

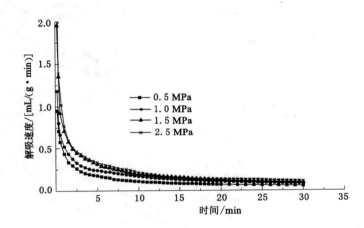

图 12-8　不同吸附平衡压力煤样常压(0 kPa)下瓦斯解吸速度随时间变化曲线图

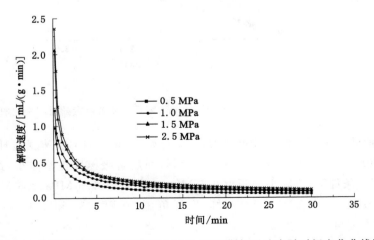

图 12-9　不同吸附平衡压力煤样 10 kPa 下瓦斯解吸速度随时间变化曲线图

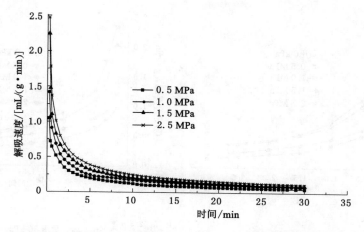

图 12-10　不同吸附平衡压力煤样 20 kPa 下瓦斯解吸速度随时间变化曲线图

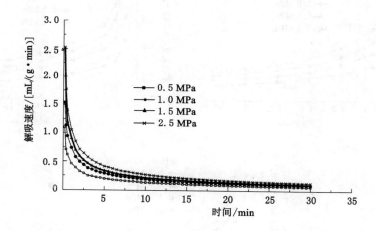

图 12-11　不同吸附平衡压力煤样 30 kPa 下瓦斯解吸速度随时间变化曲线图

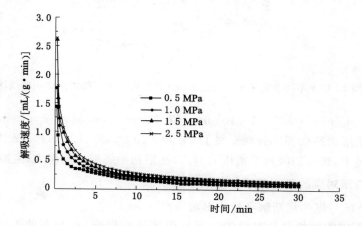

图 12-12　不同吸附平衡压力煤样 40 kPa 下瓦斯解吸速度随时间变化曲线图

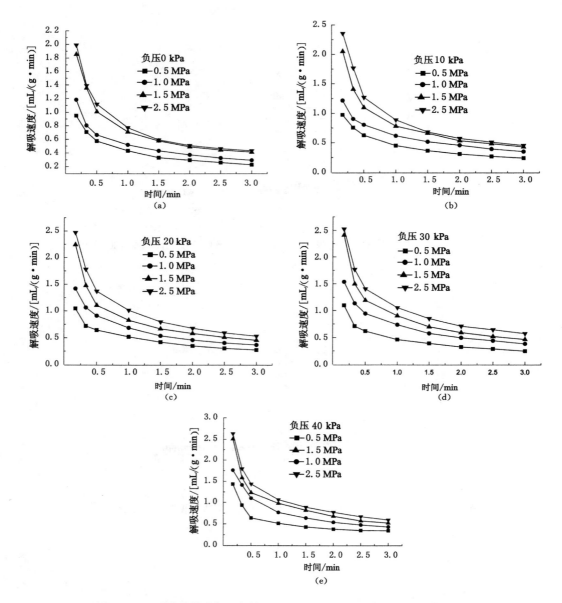

图 12-13　不同吸附平衡压力前 3 min 瓦斯解吸速度随时间变化曲线图

度为 1 261.62 mL/min、1 239.44 mL/min、767.98 mL/min、549.37 mL/min,20 min 时的解吸速度与初始解吸速度相比分别衰减了 93.30%、93.24%、92.45%、92.31%,可见,相同的负压取样环境下,煤样的吸附平衡压力越高,瓦斯初始解吸速度越大,衰减速度越快。

12.2.2　取样负压对煤的瓦斯解吸的影响

（1）取样负压对煤的瓦斯解吸量的影响研究

为了考察不同的取样负压对煤的瓦斯解吸规律的影响,在相同的吸附平衡压力和相同的温度条件下,对煤样瓦斯解吸过程分别进行模拟测试,吸附平衡压力为 2.5 MPa、1.5 MPa、1.0 MPa 和 0.5 MPa,实验负压为 10 kPa、20 kPa、30 kPa、40 kPa。根据实验数据,绘制了相同吸附平衡压力,不同负压环境下的煤样解吸量曲线如图 12-14 至图 12-18 所示。

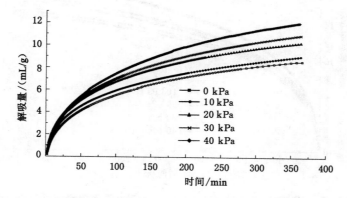

图 12-14　不同取样负压煤样 0.5 MPa 压力下瓦斯解吸量随时间变化曲线

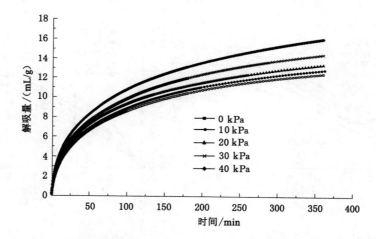

图 12-15　不同取样负压煤样 1.0 MPa 压力下瓦斯解吸量随时间变化曲线

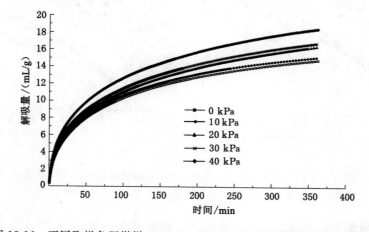

图 12-16　不同取样负压煤样 1.5 MPa 压力下瓦斯解吸量随时间变化曲线

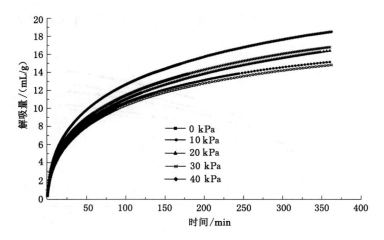

图 12-17　不同取样负压煤样 2.5 MPa 压力下瓦斯解吸量随时间变化曲线

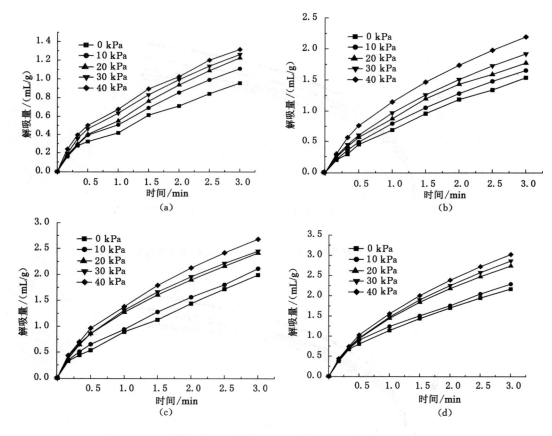

图 12-18　不同取样负压下前 3 min 瓦斯解吸量随时间变化曲线图

(a) 0.5 MPa；(b) 1.0 MPa；(c) 1.5 MPa；(d) 2.5 MPa

　　统计不同吸附平衡压力的煤样在负压为 0 kPa（常压）、10 kPa、20 kPa、30 kPa、40 kPa 下解吸 3 min 及 360 min 的总解吸量，统计结果见表 12-1、表 12-2。

表 12-1　　　　　　　　　　**煤样在不同解吸负压下 3 min 总解吸量统计表**

P/kPa	$Q_{3\ min}/(mL/g)$			
	0.5 MPa	1.0 MPa	1.5 MPa	2.5 MPa
0	0.954 8	1.534 6	1.992 2	2.164 9
10	1.158 5	1.651 7	2.016 0	2.190 2
20	1.223 6	1.771 6	2.414 5	2.741 6
30	1.259 7	1.917 7	2.449 3	2.864 3
40	1.273 3	2.192 8	2.678 4	3.021 7

表 12-2　　　　　　　　　　**煤样在不同解吸负压下 360 min 总解吸量统计表**

P/kPa	$Q_{360\ min}/(mL/g)$			
	0.5 MPa	1.0 MPa	1.5 MPa	2.5 MPa
0	8.577 8	12.456 9	14.794 7	16.949 9
10	9.028 2	12.872 2	15.133 1	17.783 9
20	10.229 4	13.418 6	16.378 1	19.018 0
30	10.901 9	14.488 3	16.781 5	20.820 8
40	12.012 2	16.072 9	18.479 6	23.410 1

由表 12-1 及表 12-2 可以看出，不同吸附平衡压力的煤样在同一取样负压环境解吸 3 min 及 360 min 后的总解吸量存在一定的差异。通过进一步比较可以发现：对同一吸附平衡压力不同解吸负压的煤样，随着解吸环境负压的增大，煤样的总解吸量也增加；对同一解吸负压不同吸附平衡压力的煤样，吸附平衡压力越大，煤样的总解吸量也越大。煤样解吸 3 min 及 360 min 后的总解吸量与取样负压的关系曲线如图 12-19、图 12-20 所示。

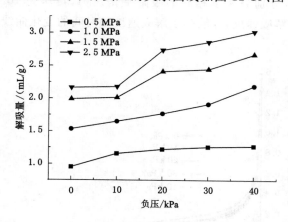

图 12-19　煤样 3 min 的总解吸量与取样负压的关系曲线图

通过对实验结果的分析，由图 12-14 至图 12-18 可以看出，不管取样负压如何变化，对同一吸附平衡压力，煤的瓦斯解吸总量随时间的增加呈增函数关系。

由表 12-1 可计算得到，吸附平衡压力 0.5 MPa、1.0 MPa、1.5 MPa、2.5 MPa 分别解吸

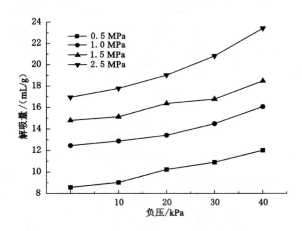

图 12-20　煤样 360 min 的总解吸量与取样负压的关系曲线图

至 3 min 时常压下的解吸量与取样负压为 40 kPa 的解吸量差值分别为 0.31 mL/g、0.65 mL/g、0.68 mL/g、0.86 mL/g；由表 12-2 可计算得到，吸附平衡压力 0.5 MPa、1.0 MPa、1.5 MPa、2.5 MPa 分别解吸至 3 min 时常压下的解吸量与取样负压为 40 kPa 的解吸量差值分别为 3.43 mL/g、3.61 mL/g、3.68 mL/g、6.46 mL/g。由图 12-19 及图 12-20 可以看出，当吸附平衡压力为 0.5 MPa、1.0 MPa、1.5 MPa、2.5 MPa，随着取样负压增大，煤样累计瓦斯解吸量增大，而且吸附平衡压力越大，取样负压的增大对促进煤样解吸的影响程度越大。

（2）取样负压对煤的瓦斯解吸速度的影响研究

不同的负压取样环境下煤的瓦斯解吸速度是不同的，为了探究不同的负压环境对煤的瓦斯解吸速度的影响，分别分析了相同的吸附平衡压力，负压为 10 kPa、20 kPa、30 kPa、40 kPa 条件下的瓦斯解吸速度，并绘制了解吸速度随时间的变化曲线如图 12-21 至图 12-25 所示。

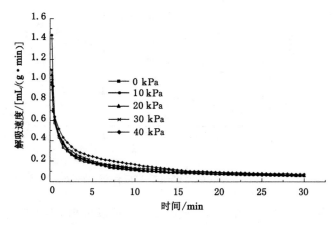

图 12-21　不同负压煤样 0.5 MPa 压力下瓦斯解吸速度随时间的变化关系曲线

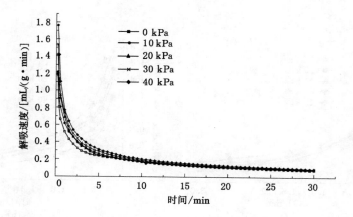

图 12-22　不同负压煤样 1.0 MPa 压力下瓦斯解吸速度随时间的变化关系曲线

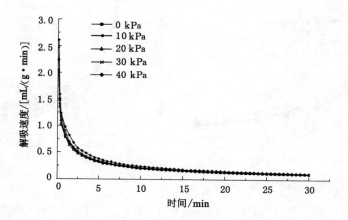

图 12-23　不同负压煤样 1.5 MPa 压力下瓦斯解吸速度随时间的变化关系曲线

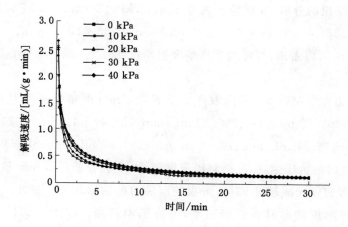

图 12-24　不同负压煤样 2.5 MPa 压力下瓦斯解吸速度随时间的变化关系曲线

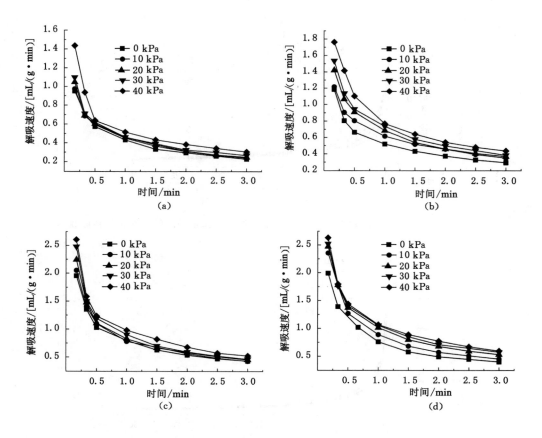

图 12-25　不同负压煤样前 3 min 瓦斯解吸速度随时间的变化关系曲线
(a) 0.5 MPa；(b) 1.0 MPa；(c) 1.5 MPa；(d) 2.5 MPa

通过对实验结果的分析，取样负压为 0 kPa、10 kPa、20 kPa、30 kPa、40 kPa 的前 10 s 的解吸速度为 1 115.55 mL/min、1 175.28 mL/min、1 233.41 mL/min、1 259.11 mL/min、1 316.32 mL/min，可以看出，煤样的瓦斯解吸初始速度较大，随着取样负压的增加，瓦斯解吸速度增加。

吸附平衡压力 2.5 MPa 时，不同取样负压下前 3 min 的解吸速度为 200.52 mL/min、226.14 mL/min、265.72 mL/min、286.93 mL/min、297.40 mL/min，第 20 min 的解吸速度为 75.61 mL/min、76.71 mL/min、79.46 mL/min、84.87 mL/min、88.73 mL/min，在其他条件相同时，取样时的负压越高，瓦斯解吸速度越大，实验开始后 3 min 解吸速度衰减超过 80%，20 min 解吸速度衰减超过 93%，解吸速度随时间的增加逐渐减小。随着解吸时间的加长，煤样的解吸速度的差异也逐渐减小，最终基本相当。吸附平衡压力 1.5 MPa、1.0 MPa、0.5 MPa 均得出与此一致的结果。

12.3　负压对煤中瓦斯解吸规律的影响分析

12.3.1　煤中瓦斯常压解吸模型

20 世纪以来,国内外众多学者对煤的瓦斯解吸规律进行了大量实验和研究,并根据对实验结果的分析与研究提出了许多与之对应煤的瓦斯解吸规律和计算使用的经验公式。目前,学界还没有公认的可以描述负压解吸规律的数学模型,可以考虑采用常压下的经验公式描述负压解吸规律,因此,需要考察常压下的经验公式描述负压解吸的适用性。其中,具有代表性常压下的经验公式如表 12-3 所列。

表 12-3　　　　　　　　　　煤的瓦斯解吸过程中瓦斯解吸量、解吸速度公式

公式名称	解吸量公式	解吸速度公式	适用条件
巴雷尔式	$Q_t = K_1 \sqrt{t}$	$V_t = 0.5 K_1 t^{-0.5}$	$0 \leqslant \sqrt{t} \leqslant \dfrac{v}{2s} \sqrt{\dfrac{\pi}{D}}$
孙重旭式	$Q_t = at^i$	$V_t = ait^{i-1}$	$0 < i < 1$
指数式	$Q_t = \dfrac{V_0}{b}(1 - e^{-bt})$	$V_t = V_0 e^{-bt}$	
王佑安式	$Q_t = \dfrac{ABt}{1 + Bt}$	$V_t = \dfrac{AB}{(1 + Bt)^2}$	
博特式	$\dfrac{Q_t}{Q_\infty} = 1 - A e^{-\lambda t}$	$V_t = \lambda A Q_\infty e^{-\lambda t}$	
文特式	$Q_t = \dfrac{V_1}{1 - k_t} t^{1-k_t}$	$V_t = V_1(t)^{-k_t}$	$0 < k_t < 1$
乌斯基诺夫式	$Q_t = V_0 \left[\dfrac{(1+t)^{1-n} - 1}{1 - n} \right]$	$V_t = V_0 (1+t)^{-n}$	$0 < n < 1$

以上 7 个公式在各自的适用条件下,均能较好地描述在空气中煤中瓦斯的解吸过程,令人遗憾的是这些公式在被提出的时候都是以常压环境中的实验为基础证实的,即煤中瓦斯在解吸的过程中解吸出口压力为一个大气压,而负压下的煤的瓦斯解吸其解吸出口气压低于一个大气压,即煤矿井下使用负压引射器取样时,煤在负压钻杆内部的解吸环境是低于一个大气压的。因此,这 7 个经验公式能否比较准确地描述负压取样过程中(3 min)煤中瓦斯的解吸规律? 有没有其中的一个或者多个可用于描述在负压取样过程中煤的瓦斯解吸过程? 这些问题都还有待考证。

为了回答以上两个问题,本节将以煤样在模拟负压取样过程中的解吸规律实验研究结果为基础,考察以上 7 个经验公式用于描述负压取样过程中(3 min)以及整个负压解吸环境下(360 min)煤的瓦斯解吸规律的适用性。

12.3.2　常压解吸经验公式在负压解吸中的适用性分析

为了考察以上 7 个经验公式是否能够描述负压取样过程中(3 min)及整个负压解吸

环境下（360 min）煤的瓦斯解吸过程，本书运用 Origin 数据处理软件，结合各经验公式分别对模拟负压取样过程中不同吸附平衡压力下煤的瓦斯解吸量实验数据进行拟合。

Origin 是美国 Microcal 公司出的数据分析和绘图软件，特点在于使用简单，采用直观的、图形化的、面向对象的窗口菜单和工具栏操作，全面支持鼠标右键、支持拖方式绘图等。该软件主要有两大类功能：数据分析和绘图。数据分析包括数据的排序、调整、计算、统计、频谱变换、曲线拟合等各种完善的数学分析功能。准备好数据后，进行数据分析时，只需选择所要分析的数据，然后再选择相应的菜单命令就可。Origin 的绘图是基于模版的，Origin 本身提供了几十种二维和三维绘图模板而且允许用户自己定制模版。绘图时，只要选择所需要的模版就行。用户可以自定义数学函数、图形样式和绘图模版；可以和各种数据库软件、办公软件、图像处理软件等方便的连接；可以用 C 等高级语言编写数据分析程序，还可以用内置的 Lab Talk 语言编程等。

Origin 的工作环境与 Office 的多文档界面类似，主要包括以下几个部分：

① 菜单栏，一般可以实现大部分功能；

② 工具栏，一般最常用的功能都可以通过此实现；

③ 绘图区，所有工作表、绘图子窗口等都在此；

④ 项目管理器，类似资源管理器，可以方便切换各个窗口等；

⑤ 状态栏，标出当前的工作内容以及鼠标指到某些菜单按钮时的说明。

用 Origin 数据处理软件通过以下 3 步进行回归分析：

（1）将同一吸附平衡压力下的模拟负压取样过程中煤的瓦斯解吸规律实验结果前 3 min 的数据及全过程（0～360 min）数据分别导入 Origin，并生成曲线图。

（2）建立经验公式拟合模型，并进行编译验证输入模拟公式的准确性。

（3）以非线性的拟合方式进行拟合，回归分析得到常压及负压环境下的有关回归系数及相关系数 R^2，通过比较相关系数 R^2 与 1 的差值来表征拟合的效果。

通过 Origin 对实验结果进行拟合，前 3 min 的回归分析的结果如表 12-4 至表 12-7 所示，全过程 360 min 的分析结果如表 12-8 至表 12-11 所示。

由表 12-4 至表 12-11 拟合的结果可以得出，以上 7 个描述解吸环境是常压环境的瓦斯解吸规律经验公式用于描述负压取样条件下煤的瓦斯解吸规律时，通过分析回归可知，对于实验初始 3 min 和实验全过程 360 min 的实验数据，乌斯基诺夫式、文特式、博特式及王佑安式拟合效果均较好，但是公式中的参数存在较大的差异。可见负压并没有影响煤中瓦斯解吸规律的实质，只是在负压环境下经验公式中的系数有所改变。指数式、孙重旭式及巴雷尔式拟合效果较差，列举 2.5 MPa 下实验初始 3 min 和实验全过程 360 min 拟合的相关系数见表 12-12 和表 12-13。在乌斯基诺夫式、文特式、博特式及王佑安式拟合中，虽然受负压及不同的吸附平衡压力的影响，其相关系数有一定的浮动，但其浮动较小均没有超过 0.03 且这四类公式的拟合度普遍能够达到 97%～99% 以上，在没有提出其他公认的可用于负压取样环境下可以描述煤的瓦斯解吸规律的公式时，这四类公式用来描述负压取样过程中煤的瓦斯解吸规律是合理的。

表 12-4　　常压及负压环境下 3 min 瓦斯解吸量回归分析结果(0.5 MPa)

公式名称	回归公式形式	公式系数	解吸负压 0 kPa		解吸负压 10 kPa		解吸负压 20 kPa		解吸负压 30 kPa		解吸负压 40 kPa	
			回归系数	相关系数	回归系数	相关系数	回归系数	相关系数	回归系数	相关系数	回归系数	相关系数
巴雷尔式	$Q_t = K_1\sqrt{t}$	K_1	0.453 53	0.929 26	0.617 4	0.922 91	0.652 01	0.929 15	0.694 98	0.950 59	0.727 5	0.950 82
孙重旭式	$Q_t = at^i$	a	0.441 52	0.905 29	0.555 15	0.901 51	0.588 23	0.899 03	0.654 35	0.897 07	0.704 42	0.896 07
		i	0.544 27		0.669 21		0.664 14		0.597 96		0.553 12	
指数式	$\dfrac{Q_t}{Q_\infty}=1-e^{-bt}$	b	0.714 41	0.947 89	0.463 17	0.932 43	0.486 34	0.940 42	0.662 18	0.946 32	0.788 18	0.948 62
王佑安式	$\dfrac{Q_t}{Q_\infty}=\dfrac{ABt}{1+Bt}$	A	2.249 39		2.262 05		2.314 84		1.983 66		1.857 99	
		B	0.376 4	0.984 92	0.333 66	0.986 34	0.352 22	0.984 37	0.528 48	0.984 25	0.669 83	0.980 18
博特式	$\dfrac{Q_t}{Q_\infty}=1-Ae^{-\lambda t}$	A	0.996 96		0.95 15		0.948 13		0.923 28		0.900 35	
		λ	0.003 63	0.961 37	0.184 7	0.989 98	0.228 12	0.995 56	0.360 68	0.992 86	0.415 12	0.993 01
文特式	$Q_t=\dfrac{V_1}{1-k_t}t^{1-k_t}-1$	V_1	0.240 25		0.371 5		0.390 65		0.391 28		0.389 63	
		k_t	0.455 92	0.985 29	0.330 86	0.991 51	0.335 9	0.997 03	0.402 03	0.997 07	0.446 87	0.996 07
乌斯基诺夫式	$\dfrac{Q_t}{Q_\infty}=(1+t)^{1-n}-1$	n	0.995 08	0.962 53	0.976 92	0.980 34	0.995 06	0.987 89	0.995 03	0.987 61	0.995 1	0.984

表 12-5　常压及负压环境下 3 min 瓦斯解吸量回归分析结果（1.0 MPa）

公式名称	回归公式形式	公式系数	解吸负压 0 kPa		解吸负压 10 kPa		解吸负压 20 kPa		解吸负压 30 kPa		解吸负压 40 kPa	
			回归系数	相关系数	回归系数	相关系数	回归系数	相关系数	回归系数	相关系数	回归系数	相关系数
巴雷尔式	$Q_t = K_1\sqrt{t}$	K_1	0.806 79	0.921 1	0.884 09	0.931 17	0.970 99	0.943 22	1.043 8	0.943 56	1.209 12	0.954 24
孙重旭式	$Q_t = at^i$	a	0.704 38	0.907 92	0.784 93	0.908 88	0.884 77	0.916 27	0.948 58	0.908 37	1.123 97	0.916 99
		i	0.713 97		0.688 83		0.649 16		0.653 28		0.618 14	
指数式	$\dfrac{Q_t}{Q_\infty}=1-e^{-bt}$	b	0.415 53	0.934 07	0.472 61	0.935 6	0.567 19	0.934 65	0.552 21	0.934	0.638 2	0.949 57
王佑安式	$Q_t=\dfrac{ABt}{1+Bt}$	A	3.308 84	0.995 37	3.280 72	0.997 36	3.157 06	0.996 82	3.444 59	0.996 77	3.589 87	0.994 34
		B	0.278 75		0.327 9		0.412 85		0.401 72		0.489 71	
博特式	$\dfrac{Q_t}{Q_\infty}=1-Ae^{-\lambda t}$	A	0.968 4	0.990 04	0.965 69	0.990 32	0.959 2	0.991 49	0.956 36	0.991 91	0.944 71	0.991 77
		λ	0.284 24		0.344 14		0.430 52		0.398 52		0.448 29	
文特式	$Q_t=\dfrac{V_1}{1-k_t}t^{1-k_t}$	V_1	0.502 92	0.997 92	0.547 1	0.998 89	0.574 4	0.996 27	0.619 72	0.998 37	0.694 82	0.996 99
		k_t	0.285 99		0.311 1		0.350 76		0.346 65		0.381 78	
乌斯基诺夫式	$\dfrac{Q_t}{Q_\infty}=(1+t)^{1-n}-1$	n	0.858 26	0.996 73	0.963 59	0.998 75	0.995 09	0.997 2	0.995 09	0.985 08	0.995 08	0.989 7

表 12-6　常压及负压环境下 3 min 瓦斯解吸量回归分析结果（1.5 MPa）

公式名称	回归公式形式	公式系数	解吸负压 0 kPa		解吸负压 10 kPa		解吸负压 20 kPa		解吸负压 30 kPa		解吸负压 40 kPa	
			回归系数	相关系数	回归系数	相关系数	回归系数	相关系数	回归系数	相关系数	回归系数	相关系数
巴雷尔式	$Q_t = K_1\sqrt{t}$	K_1	1.021 81	0.931 12	1.077 17	0.943 09	1.332 3	0.951 61	1.365 82	0.954 38	1.482 47	0.950 96
孙重旭式	$Q_t = at^i$	a	0.894 88	0.904 21	0.961 44	0.907 14	1.253 897	0.908 59	1.292 07	0.909 14	1.392 82	0.908 75
		i	0.708 7		0.680 51		0.598 65		0.598 65		0.601 33	
指数式	$\dfrac{Q_t}{Q_\infty} = 1 - e^{-bt}$	b	0.369 17	0.945 77	0.461 27	0.956 68	0.675 18	0.953 42	0.697 74	0.955 03	0.662 79	0.953 32
王佑安式	$Q_t = \dfrac{ABt}{1+Bt}$	A	4.460 85	0.978 54	4.038 35	0.988 92	3.782 59	0.990 42	3.804 97	0.997 16	4.259 28	0.989 85
		B	0.251 89		0.321 61		0.534 73		0.555 97		0.521 89	
博特式	$\dfrac{Q_t}{Q_\infty} = 1 - Ae^{-\lambda t}$	A	0.975 63	0.998 76	0.952 68	0.998 96	0.928 06	0.995 78	0.925 14	0.998 35	0.927 72	0.996 92
		λ	0.073 38		0.242 65		0.411 77		0.431 92		0.395 85	
文特式	$Q_t = \dfrac{V_1}{1-k_t}t^{1-k_t}$	V_1	0.634 14	0.994 21	0.654 26	0.997 14	0.750 66	0.998 59	0.762 95	0.999 14	0.837 57	0.998 75
		k_t	0.291 44		0.319 52		0.401 31		0.409 49		0.398 64	
乌斯基诺夫式	$\dfrac{Q_t}{Q_\infty} = (1+t)^{1-n} - 1$	n	0.802 77	0.982 66	0.952 65	0.991 12	0.995 03	0.982 26	0.995 04	0.980 54	0.995 03	0.982 87

表12-7　常压及负压环境下 3 min 瓦斯解吸量回归分析结果(2.5 MPa)

公式名称	回归公式形式	公式系数	解吸负压 0 kPa 回归系数	解吸负压 0 kPa 相关系数	解吸负压 10 kPa 回归系数	解吸负压 10 kPa 相关系数	解吸负压 20 kPa 回归系数	解吸负压 20 kPa 相关系数	解吸负压 30 kPa 回归系数	解吸负压 30 kPa 相关系数	解吸负压 40 kPa 回归系数	解吸负压 40 kPa 相关系数
巴雷尔式	$Q_t = K_1\sqrt{t}$	K_1	1.176 23	0.935 2	1.232 81	0.947 64	1.516 75	0.947 52	1.571 42	0.943 32	1.660 29	0.942 92
孙重旭式	$Q_t = at^i$	a	1.060 44	0.915 22	1.181 63	0.913 11	1.141 58	0.926 44	1.453 05	0.928 91	1.535 58	0.929 34
		i	0.668 84		0.569 59		0.611 61		0.626 38		0.626 03	
指数式	$\dfrac{Q_t}{Q_\infty} = 1-e^{-bt}$	b	0.538 6	0.941 54	0.819 84	0.944 24	0.648 8	0.949 18	0.608 75	0.949 88	0.611 96	0.950 1
王佑安式	$Q_t = \dfrac{ABt}{1+Bt}$	A	4.018 14	0.982 74	3.142 16	0.981 67	4.448 84	0.994 22	4.813 78	0.994 27	5.070 44	0.994 45
		B	0.379 33		0.676 48		0.501 32		0.460 75		0.463 54	
博特式	$\dfrac{Q_t}{Q_\infty} = 1-Ae^{-\lambda t}$	A	0.993 96	0.977 91	0.963 43	0.970 94	0.938 34	0.997 92	0.942 51	0.998 3	0.943 72	0.997 8
		λ	0.521 16		0.706 96		0.434		0.402 75		0.412 65	
文特式	$Q_t = \dfrac{V_1}{1-k_t}t^{1-k_t}$	V_1	0.709 33	0.975 22	0.773 14	0.983 11	0.865 97	0.998 44	0.910 2	0.998 91	0.961 37	0.998 44
		k_t	0.331 04		0.430 27		0.388 33		0.373 57		0.373 91	
乌斯基诺夫式	$\dfrac{Q_t}{Q_\infty} = (1+t)^{1-n}-1$	n	0.995 07	0.982 42	0.995 1	0.983 82	0.995 11	0.988 51	0.995 09	0.991 89	0.995 06	0.991 9

表12-8　常压及负压环境下 360 min 瓦斯解吸量回归分析结果(0.5 MPa)

公式名称	回归公式形式	公式系数	解吸负压 0 kPa 回归系数	解吸负压 0 kPa 相关系数	解吸负压 10 kPa 回归系数	解吸负压 10 kPa 相关系数	解吸负压 20 kPa 回归系数	解吸负压 20 kPa 相关系数	解吸负压 30 kPa 回归系数	解吸负压 30 kPa 相关系数	解吸负压 40 kPa 回归系数	解吸负压 40 kPa 相关系数
巴雷尔式	$Q_t = K_1\sqrt{t}$	K_1	0.517 33	0.961 17	0.545 24	0.926 41	0.617 8	0.939 62	0.647 33	0.951 97	0.698 61	0.971 02
孙重旭式	$Q_t = at^i$	a	0.834 1	0.942 64	1.044 62	0.944 15	1.137 12	0.953 47	1.126 19	0.954 97	1.082 55	0.945 57
		i	0.405 08		0.372 09		0.385 07		0.391 85		0.415 25	
指数式	$\dfrac{Q_t}{Q_\infty} = 1 - e^{-tx}$	b	0.016 02	0.954 24	0.018 17	0.937 37	0.016 76	0.944 5	0.015 33	0.949 34	0.012 74	0.957 74
王佑安式	$Q_t = \dfrac{ABt}{1+Bt}$	A	9.284 3	0.981 86	9.464 66	0.975 73	10.949 81	0.978 33	11.857 43	0.979 69	13.783 75	0.982 63
		B	0.017 48		0.020 46		0.018 96		0.016 86		0.013 32	
博特式	$\dfrac{Q_t}{Q_\infty} = 1 - Ae^{-\lambda t}$	A	0.866 67	0.986 6	0.826 42	0.982 87	0.838 81	0.985 25	0.842 16	0.987 75	0.854 51	0.991 21
		λ	0.010 58		0.010 47		0.010 29		0.009 61		0.008 2	
文特式	$Q_t = \dfrac{V_1}{1-k_t}t^{1-k_t}$	V_1	0.337 8	0.992 64	0.388 6	0.994 15	0.432 64	0.993 42	0.441 19	0.994 97	0.449 31	0.995 57
		k_t	0.594 84		0.627 81		0.619 31		0.608 05		0.584 76	
乌斯基诺夫式	$\dfrac{Q_t}{Q_\infty} = (1+t)^{1-n} - 1$	n	0.713 25	0.998 96	0.939 17	0.993 89	0.931 9	0.993 47	0.929 09	0.991 01	0.923 94	0.996 6

表 12-9　　常压及负压环境下 360 min 瓦斯解吸量回归分析结果(1.0 MPa)

公式名称	回归公式形式	公式系数	解吸负压 0 kPa		解吸负压 10 kPa		解吸负压 20 kPa		解吸负压 30 kPa		解吸负压 40 kPa	
			回归系数	相关系数	回归系数	相关系数	回归系数	相关系数	回归系数	相关系数	回归系数	相关系数
巴雷尔式	$Q_t = K_1\sqrt{t}$	K_1	0.781 98	0.900 15	0.805 67	0.898 57	0.844 47	0.876 87	0.900 35	0.907 89	0.974 35	0.903 47
孙重旭式	$Q_t = at^i$	a	1.578 87	0.937 89	1.631 53	0.938 29	1.835 73	0.949 59	1.813 35	0.941 84	2.026 87	0.943 75
		i	0.360 62		0.360 04		0.346 17		0.361 66		0.357 75	
指数式	$\dfrac{Q_t}{Q_\infty} = 1 - e^{-bt}$	b	0.018 6	0.941 88	0.011 879	0.943 81	0.019 84	0.934 23	0.017 89	0.941 34	0.016 64	0.934 8
王佑安式	$Q_t = \dfrac{ABt}{1+Bt}$	A	13.231 49	0.980 52	13.646 43	0.981 31	13.965 89	0.977 75	15.403 4	0.979 12	17.299 5	0.975 43
		B	0.021 67		0.021 62		0.023 39		0.020 39		0.019 92	
博特式	$\dfrac{Q_t}{Q_\infty} = 1 - Ae^{-\lambda t}$	A	0.834 88	0.983 79	0.833 2	0.984 56	0.812 87	0.981 65	0.819 65	0.985 12	0.810 37	0.984 75
		λ	0.011 77		0.011 86		0.011 93		0.010 91		0.009 87	
文特式	$Q_t = \dfrac{V_1}{1-k_t} t^{1-k_t}$	V_1	0.569 21	0.987 98	0.587 25	0.988 29	0.635 32	0.989 59	0.655 65	0.991 84	0.724 94	0.993 75
		k_t	0.639 24		0.639 82		0.653 7		0.638 22		0.642 15	
乌斯基诺夫式	$\dfrac{Q_t}{Q_\infty} = (1+t)^{1-n} - 1$	n	0.778 55	0.998 15	0.778 42	0.998 04	0.8	0.998 95	0.771 12	0.998 95	0.771 71	0.999 47

表 12-10　常压及负压环境下 360 min 瓦斯解吸量回归分析结果(1.5 MPa)

公式名称	回归公式形式	公式系数	解吸负压 0 kPa		解吸负压 10 kPa		解吸负压 20 kPa		解吸负压 30 kPa		解吸负压 40 kPa	
			回归系数	相关系数	回归系数	相关系数	回归系数	相关系数	回归系数	相关系数	回归系数	相关系数
巴雷尔式	$Q_t = K_1\sqrt{t}$	K_1	0.930 99	0.883 65	0.960 31	0.884 45	0.987 62	0.908 63	1.022 64	0.882 42	1.128 92	0.875 41
孙重旭式	$Q_t = at^i$	a	1.961 16	0.928 44	2.036 53	0.928 55	2.028 04	0.923 89	2.260 48	0.923 72	2.524 24	0.923 07
		i	0.352 16		0.350 78		0.360 54		0.346 56		0.343 8	
指数式	$\dfrac{Q_t}{Q_\infty} = 1 - e^{-bt}$	b	0.019 7	0.938 92	0.019 47	0.938 4	0.016 77	0.939 54	0.017 58	0.927 67	0.017 74	0.927 83
王佑安式	$\dfrac{Q_t}{Q_\infty} = \dfrac{ABt}{1 + Bt}$	A	15.563 71	0.979 42	15.944 88	0.979 54	17.635 48	0.977 01	17.876 92	0.972 79	19.645 63	0.973 38
		B	0.022 92		0.022 81		0.019 32		0.020 72		0.021 01	
博特式	$Q_t = 1 - Ae^{-\lambda t}$	A	0.825 49	0.982 7	0.819 86	0.983 53	0.817 82	0.985 9	0.798 65	0.983 19	0.798 99	0.982 63
		λ	0.012 15		0.011 93		0.010 32		0.010 3		0.010 32	
文特式	$\dfrac{Q_t}{Q_\infty} = \dfrac{V_1}{1 - k_t}\, t^{1 - k_t} - 1$	V_1	0.690 63	0.988 44	0.714 18	0.988 55	0.731 03	0.993 89	0.783 23	0.993 72	0.867 65	0.993 67
		k_t	0.647 7		0.649 08		0.639 36		0.653 34		0.656 1	
乌斯基诺夫式	$\dfrac{Q_t}{Q_\infty} = (1 + t)^{1 - n} - 1$	n	0.791 78	0.998 45	0.792 95	0.998 35	0.768 83	0.999 39	0.789 98	0.999 6	0.794 46	0.999 57

表12-11 常压及负压环境下360 min 瓦斯解吸量回归分析结果(2.5 MPa)

公式名称	回归公式形式	公式系数	解吸负压 0 kPa 回归系数	相关系数	解吸负压 10 kPa 回归系数	相关系数	解吸负压 20 kPa 回归系数	相关系数	解吸负压 30 kPa 回归系数	相关系数	解吸负压 40 kPa 回归系数	相关系数
巴雷尔式	$Q_t = K_1\sqrt{t}$	K_1	1.067 67	0.901 07	1.098 63	0.913 78	1.193 15	0.871 19	1.270 02	0.891 35	1.369 19	0.931 45
孙重旭式	$Q_t = at^i$	a	2.140 21	0.928 19	2.158 9	0.929 07	2.650 68	0.930 43	2.727 08	0.933 77	2.661 11	0.936 62
		i	0.361 73		0.367 4		0.343 15		0.351 55		0.371 64	
指数式	$\dfrac{Q_t}{Q_\infty} = 1 - e^{-bt}$	b	0.018 42	0.947 12	0.016 9	0.953 3	0.018 9	0.935 92	0.017 23	0.933 99	0.015 65	0.934 15
王佑安式	$\dfrac{Q_t}{Q_\infty} = \dfrac{ABt}{1+Bt}$	A	18.093 8	0.982 94	19.324 25	0.985 01	20.135 67	0.978	22.297 67	0.976 03	24.897 91	0.972 91
		B	0.020 97		0.018 98		0.022 26		0.020 1		0.017 65	
博特式	$\dfrac{Q_t}{Q_\infty} = 1 - Ae^{-\lambda t}$	A	0.832 5	0.985 84	0.836 12	0.988 32	0.806 92	0.984 05	0.807 74	0.983 65	0.809 94	0.983 35
		λ	0.011 79		0.011 07		0.011 47		0.010 24		0.008 87	
文特式	$Q_t = \dfrac{V_1}{1-k_t} t^{1-k_t}$	V_1	0.774 07	0.988 19	0.792 95	0.989 07	0.909 36	0.990 43	0.958 47	0.992 77	0.988 8	0.996 62
		k_t	0.638 2		0.632 47		0.656 73		0.648 34		0.628 28	
乌斯基诺夫式	$\dfrac{Q_t}{Q_\infty} = (1+t)^{1-n} - 1$	n	0.773 87	0.997 73	0.760 21	0.997 38	0.799 76	0.998 81	0.782 25	0.999 4	0.748 76	0.999 88

表 12-12　　常压及负压环境下 3 min 瓦斯解吸量回归相关系数(2.5 MPa)

公式名称	相关系数				
	负压 0 kPa	负压 10 kPa	负压 20 kPa	负压 30 kPa	负压 40 kPa
巴雷尔式	0.935 2	0.947 64	0.947 52	0.943 32	0.942 92
孙重旭式	0.915 22	0.913 11	0.926 44	0.928 91	0.929 34
指数式	0.941 54	0.944 24	0.949 18	0.949 88	0.950 10
王佑安式	0.982 74	0.981 67	0.994 22	0.994 27	0.994 45
博特式	0.977 91	0.970 94	0.997 92	0.998 30	0.997 80
文特式	0.975 22	0.983 11	0.998 44	0.998 91	0.998 44
乌斯基诺夫式	0.982 42	0.983 82	0.988 51	0.991 89	0.991 90

表 12-13　　常压及负压环境下 360 min 瓦斯解吸量回归相关系数(2.5 MPa)

公式名称	相关系数				
	负压 0 kPa	负压 10 kPa	负压 20 kPa	负压 30 kPa	负压 40 kPa
巴雷尔式	0.901 07	0.913 78	0.871 19	0.891 35	0.931 45
孙重旭式	0.928 19	0.929 07	0.930 43	0.933 77	0.936 62
指数式	0.947 12	0.953 30	0.935 92	0.933 99	0.934 15
王佑安式	0.982 94	0.985 01	0.978 00	0.976 03	0.972 91
博特式	0.985 84	0.988 32	0.984 05	0.983 65	0.983 35
文特式	0.988 19	0.989 07	0.990 43	0.992 77	0.996 62
乌斯基诺夫式	0.997 73	0.997 38	0.998 81	0.999 40	0.999 88

第四篇
残存瓦斯含量影响因素实验测试

第 13 章　粉碎时间对残存瓦斯含量影响

煤层瓦斯含量是计算瓦斯储量与瓦斯涌出量的基础数据,2009 年,煤层瓦斯含量更作为区域预测的主要指标被写进《防治煤与瓦斯突出规定》。因此,准确测定煤层瓦斯含量关乎着矿井的安全生产。直接法测定煤层瓦斯含量包括三个部分,即井下解吸量、取样过程的损失量和实验室测定的残存瓦斯含量。井下解吸量为实测值,其值较为可靠;取样过程的损失量由井下实测量推算获得,也是煤层瓦斯含量准确测定的重点研究内容,众多学者就吸附平衡压力、煤样粒径、煤的破坏类型和解吸时间等因素影响煤解吸瓦斯进行了大量研究工作,并取得了较多的成果;但对于实验室测试的残存量,由于主观认为可靠性高,鲜有学者对实验室测试的残存量影响因素开展研究。

实验室测定煤的残存量包括两部分,即粉碎前脱气量和粉碎后脱气量。粉碎前脱气量指实验室在常温下利用真空脱气装置进行脱气,常温脱气后,再将煤样加热至 95～100 ℃,恒温再次进行脱气的瓦斯总量;粉碎后脱气量指粉碎前脱气结束后,将煤样从煤样罐中取出放入球磨罐中进行粉碎,然后再次进行脱气所获得的瓦斯量。粉碎前脱气量和粉碎后脱气量虽然均通过实测获得,但粉碎后脱气量与煤的破碎程度密切相关,王耀锋、张振飞等在测定煤层瓦斯含量实验中,只对煤样粉碎后的粒度大小分布提出要求,亦未涉及粉碎时间对煤的残存瓦斯量的影响。目前,实验室测定残存瓦斯含量标准中没有明确粉碎时间,实验人员多是根据个人经验操作,粉碎时间对测定的残存瓦斯含量是否有影响? 影响程度有多大? 现国内外文献鲜有报道。因此,确定合理的粉碎时间对准确测定煤层瓦斯含量具有重要意义。

13.1　煤的破碎机理

13.1.1　煤的粉碎过程

煤的粉碎过程受诸多因素的影响,从微观的角度来看,煤粒的破碎过程可以从化学破坏和物理破坏两种角度解释。

从化学破坏的角度来看,煤是通过煤粒内部的无数个 C 原子之间的化学键以及 C 原子和其他元素的原子之间的化学键而组成的一种多孔介质,要破坏煤的宏观结构就要打破各个分子和原子之间的化学键,煤粒在受到外力作用的碰撞之下,如果所施加的外部应力大于化学键之间的内应力时,C 原子之间以及 C 原子和其他元素原子之间的化学键就会发生断裂,煤粒就会发生破碎,宏观表现为煤粒的粒度减小,从而达到粉碎煤样的目的。

从物理破坏的角度看,Rosin-Rammler 等学者认为,粉碎的产物具有二成分性,即煤粒被粉碎后由粗粉和细粉两部分组成,从产物粒度分布可推断煤粒的破坏形式不是单一连续的,而是多种组合的。Hütting 等人提出粉碎模型的三种形式,分别为体积粉碎、表面粉碎和均一粉碎。体积粉碎模型是指整个颗粒都受到粉碎,成为粒度较大的中间颗粒,随着粉碎时间的增加,这些中间粒径的颗粒依次再粉碎成有一定粒度分布的中间粒径颗粒,最后逐渐积蓄成微粉成分(冲击粉碎);表面粉碎模型:研磨体仅在颗粒的表面产生破坏,从颗粒表面切下微粉成分,这一破坏不涉及颗粒内部(摩擦粉碎);均一粉碎模型:加于颗粒上的力,使颗粒产生分散性的破坏,直接碎成微粉成分。张妮妮等通过研究得出:煤粒实际中的粉碎是体积粉碎和表面粉碎两种模型的叠加,表面粉碎模型构成最终的细粉产物,体积粉碎模型构成中间过渡的粗粉成分。

针对目前实验室普遍使用球形和圆柱形的铁质研磨体对煤样进行粉碎,随着粉碎时间的增加,从化学破坏的角度看,当累积能量达到化学键断裂所需量的临界值时,煤粒中的原子和分子之间的化学键断裂,煤样颗粒发生破碎;从物理破坏的层面看,随着粉碎时间的增加,研磨体通过碰撞球磨罐罐壁以及研磨体自身对煤粒做功,使煤粒发生机械粉碎,煤的粒度变小。

13.1.2 煤的破碎程度与粉碎时间的关系

通过球磨罐对煤样进行粉碎,随着粉碎时间的增加,球磨罐内的研磨体持续对罐内的煤样做功,煤的破碎程度会越来越高,文光才研究了破碎功与煤样的破碎程度之间的关系,两者能较好地拟合成幂函数关系:

$$y = aA^b \tag{13-1}$$

式中　y——煤的破碎程度,%;

　　　A——破碎功,J;

　　　a, b——拟合系数,其中 $b < 1$。

由式(13-1)可以看出,随着破碎功的增多,煤的破碎程度逐渐升高。

对式(13-1)进行求导变形可得:

$$\frac{\mathrm{d}y}{\mathrm{d}A} = abA^{b-1} \tag{13-2}$$

从式(13-2)可得,随着破碎功的增多,单位破碎功引起煤的破碎程度变化量呈逐渐降低的趋势。

根据实验中使用的球磨机的相关物理参数,依式(13-3)计算其对煤样的破碎功:

$$A = \int_0^t UI \,\mathrm{d}t \cdot \gamma \tag{13-3}$$

式中　U——球磨机额定电压,V;

　　　I——球磨机额定电流,A;

　　　γ——转化效率,%,常数。

由于球磨机对煤样做功的转化效率是常数,从式(13-3)不难看出,球磨机对煤样的破碎功与粉碎时间呈线性关系,即随着粉碎时间的增加,A 值将不断增加,煤的破碎程度亦逐渐升高,单位破碎功引起煤的破碎程度变化量逐渐降低,直至其变化量趋于 0。因此,在对煤样进行粉碎时,存在一个合理的粉碎时间,当超过合理粉碎时间后,煤样的破碎程度将不再发生变化。

13.2 实 验 方 法

13.2.1 煤样制备

实验煤样采自山西省沁水煤田端氏煤矿开采的 3 号煤层,属于高变质程度无烟煤,具有强烈突出危险性。实验煤样粒径为 1~3 mm。

13.2.2 实验测试原理

煤体内部的孔隙和裂隙分为开放型和封闭型两种,当粉碎时间较短时,煤体破碎主要是体积粉碎占优,摩擦粉碎很少,由于粉碎时间短,煤的破碎程度较小,封闭型孔隙很难被打开,此时粉碎后所得的瓦斯主要是开放型孔洞和部分打开的封闭型孔洞中的瓦斯。随着粉碎时间的增加,煤粒径的减小,表面粉碎越来越强,煤体中的孔隙逐渐被强制打开,煤体内的瓦斯也会逐渐解吸。因此,随着粉碎时间累计增加,煤的破碎功增大,应存在一个合理的时间点或者时间段,煤的破碎程度达到最大,同时粉碎后煤体解吸的瓦斯总量将不再变化。

13.2.3 实验步骤

由于水分对煤体吸附的瓦斯具有影响,能降低煤对瓦斯的吸附能力,为了避免水分对测试结果的影响,将制备好的煤样置于 105 ℃的红外干燥箱中至少干燥 3 h,待煤样冷却后装入毛口玻璃瓶置于干燥器皿中备用。

煤样残存瓦斯含量的测定步骤如下:

(1)真空脱气:称取 70 g 干燥煤样装入可充气式煤样罐内,拧紧煤样罐,将煤样罐与真空泵连接对煤样罐抽真空,时间不小于 6 h。

(2)高压吸附平衡:在 30 ℃的恒温水浴中,向煤样罐中充入纯度为 99.99% 的甲烷气体,气体初始压力要高于实验拟定压力的 20%~40%,通过不断微调充气系统使煤样吸附平衡压力为实验设定值。

(3)释放游离气体:待干燥煤样吸附平衡,记录下环境大气压力和温度,打开煤样罐的阀门,使游离气体进入与煤样罐相连的瓦斯含量解吸仪,当煤样 2 h 之内解吸量小于 10 mL 时,关闭煤样罐阀门。

(4)粉碎前的脱气:将水浴温度调至 95 ℃,同时利用真空脱气装置对测试煤样进行粉碎前的脱气,当 30 min 内的脱气量小于 10 mL 时,脱气结束。

(5)煤样定时粉碎:打开煤样罐,迅速将罐内煤样装入球磨罐中,在密封条件下粉碎煤样,并记录粉碎时间。

(6)粉碎后的脱气:利用脱气装置对粉碎后的煤样再次进行脱气,并收集气体。

(7)气体成分分析:利用 GC-4000A 型气相色谱分析仪分析煤样粉碎后所解吸的气体,得出气体中甲烷浓度。

(8)实验数据处理:根据煤样粉碎后所解吸的气体总量和气体中甲烷浓度,计算煤样粉碎后的残存瓦斯含量,并换算成标准状态下。

13.3　实验结果分析

吸附瓦斯平衡压力 1.0 MPa、2.0 MPa、3.0 MPa,粉碎时间为 0.5 h、1.0 h、1.5 h、2.0 h、2.5 h 条件下,测定粉碎后煤的残存瓦斯量。根据测试数据,得到同一瓦斯吸附平衡压力下,煤样粉碎时间与粉碎后残存瓦斯量关系,如图 13-1 和图 13-2 所示;同一粉碎时间下,瓦斯吸附平衡压力与粉碎后残存瓦斯量的关系,见表 13-1。

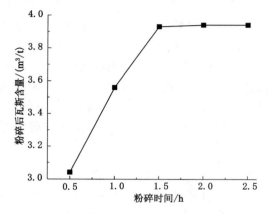 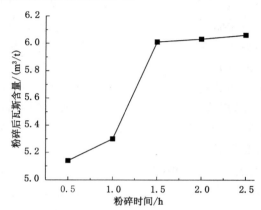

图 13-1　吸附平衡压力 1 MPa 下煤样　　　　　图 13-2　吸附平衡压力 2 MPa 下煤样
　粉碎后残存瓦斯量与粉碎时间曲线　　　　　　　粉碎后残存瓦斯量与粉碎时间曲线

表 13-1　　　　　　　　相同粉碎时间不同吸附平衡压力的残存瓦斯量

粉碎时间/h	吸附平衡压力/MPa	粉碎后瓦斯含量/(m³/t)
0.5	1	3.04
	2	5.14
	3	5.56

由图 13-1 和图 13-2 可知,煤样在相同吸附平衡压力下,随着粉碎时间增加,粉碎后的残存瓦斯量逐渐增大,而增加量越来越小,当粉碎时间大于 1.5 h 后,煤样的残存瓦斯量已变化不大,逐渐趋于一定值。其原因为,煤粒本身存在无数孔隙、裂隙,在球磨罐中煤样发生体积粉碎和表面粉碎,煤粒中的微孔、小孔、大孔不断与外界导通,促使孔隙内吸附甲烷解吸释放,随着粉碎时间的增加,煤的破碎程度越来越高,孔隙导通率越来越大,煤样内解吸的瓦斯量也越来越多。

相同粉碎时间意味着煤粒的破碎程度接近,由表 13-1 可以看出,粉碎时间相同时,随着吸附平衡压力升高,粉碎后煤样的残存瓦斯量呈增大趋势。吸附平衡压力越高表征单位质量煤样的吸附瓦斯量越大,深入到微小孔隙内的瓦斯量越大,煤样自然解吸时,部分微小孔隙内瓦斯若无法克服孔隙阻力,就会残留在孔隙内,煤样一旦被粉碎,封闭的孔隙被导通,瓦斯释放出来,当煤粒破坏程度相近时,煤体内部孔隙打开程度相当,吸附平衡压力高的煤样释放出的瓦斯量会更多。

13.4 合理粉碎时间确定

13.4.1 煤的破碎度与粉碎时间关系

《煤层瓦斯含量井下直接测定方法》(GB/T 23250—2009)对煤样的粉碎有如下三个要求:(1) 球磨罐粉碎前进行气密性检查;(2) 煤样装罐时,如果块度较大,应事先将煤样在罐内捣碎至粒度 25 mm 以下,然后拧紧罐盖密封;(3) 煤样粉碎到粒度小于 0.25 mm 的重量超过 80% 为合格。本次实验过程及试样已满足(1)和(2)的要求,为了考察粉碎不同时间后煤样的粒度分布规律是否满足(3)的要求,取 70 g 煤样粉碎不同时间,使用 0.25 mm 标准煤样筛进行筛分,然后称量粒度小于 0.25 mm 的煤样重量,实验结果如图 13-3 所示。

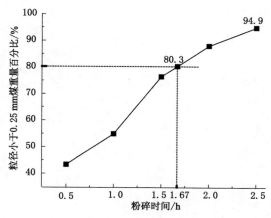

图 13-3 不同粉碎时间下小于 0.25 mm 的煤样重量百分比

从图 13-3 可以看出,当粉碎时间 1.67 h 时,粉碎后粒径小于 0.25 mm 的煤样重量百分比为 80.3%,满足上述(3)的要求;当粉碎时间为 2.5 h 时,小于 0.25 mm 的煤样重量所占比例接近 95%。因此,从煤样破碎后粒度分布情况看,残存瓦斯含量测定过程中煤样粉碎时间至少为 1.67 h。

13.4.2 粉碎后煤的残存瓦斯量与粉碎时间关系

由前述可知,随着粉碎时间的增加,煤的破碎程度逐渐增高,并最终达到破碎极限。此时,煤体内部的各种孔隙、裂隙几乎全部被导通,煤体内的甲烷分子得到释放,粉碎后测得的残存瓦斯含量亦达到最大值。

由图 13-1 和图 13-2 可知,吸附平衡压力 1 MPa 时,煤样粉碎 1.5 h、2 h、2.5 h 后残存瓦斯含量分别为 3.93 m³/t、3.94 m³/t、3.94 m³/t;吸附平衡压力 2 MPa 时,煤样粉碎 1.5 h、2 h、2.5 h 后残存瓦斯含量分别为 6.01 m³/t、6.03 m³/t、6.06 m³/t。均呈现出粉碎后残存瓦斯含量随着粉碎时间的延长逐渐增加的趋势,且增加量逐渐减小。由实验数据可知,无论吸附平衡压力是 1 MPa 还是 2 MPa,当粉碎时间超过 1.5 h 后,煤样粉碎后的残存瓦斯量已基本无变化。由此可确定,从粉碎后的残存瓦斯含量变化来看,煤样至少要粉碎 1.5 h。

13.4.3　实验室测定煤的瓦斯含量合理的粉碎时间确定

综上可知,从煤样破碎后粒度分布情况看,煤样至少要粉碎 1.67 h;从粉碎后的残存瓦斯含量变化看,煤样至少要粉碎 1.5 h。因此,综合煤样破碎后粒度分布情况和残存瓦斯含量变化,并考虑到由于实验烦琐导致的计时误差,确定实验室测定煤层瓦斯含量合理粉碎时间为 2 h。为此,建议《煤层瓦斯含量井下直接测定方法》(GB/T 23250—2009)中关于煤样的粉碎要求完善为:(1)球磨罐粉碎前进行气密性检查;(2)煤样装罐时,如果块度较大,应事先将煤样在罐内捣碎至粒度 25 mm 以下,然后拧紧罐盖密封;(3)脱气后粉碎时间不得低于 2 h。

第14章　吸附平衡压力和粒径对无烟煤
残存瓦斯含量影响

　　瓦斯抽采是防治煤与瓦斯突出最主要措施,抽采达标后,煤矿才能进行采掘作业。《煤矿瓦斯抽采达标暂行规定》中要求,高瓦斯矿井和煤与瓦斯突出矿井在抽采达标评判时,根据产量的不同,可解吸瓦斯量必须达到相应指标,才能判定采煤工作面瓦斯抽采效果达标。可解吸瓦斯量由抽采瓦斯后煤层残余瓦斯含量与标准大气压下残存瓦斯含量之差获得,因此残存瓦斯含量的准确测定对瓦斯抽采达标判定的可靠性至关重要,对保障井下人员生命安全,防治煤与瓦斯突出灾害发生有重要意义,因此,残存瓦斯量的准确测定非常必要。目前,残存瓦斯含量的测定主要分为两种观点:一种是在煤炭自采落到运出井口,或暴露 2 h 后采样并密封,在实验室测定的残存瓦斯含量;另一种是煤样解吸后,在 1 个大气压下,残留在煤中的瓦斯含量。对于同一煤种而言,不同的测定方法所得结果存在一定差异,选择哪一种方法更为科学,目前尚无定论。为了准确获得煤的残存瓦斯含量,广大学者们对其影响因素进行了研究。高振勇、李庆明等人分别研究了挥发分、孔隙率、吸附常数等因素对残存瓦斯含量的影响,获得了丰硕的成果。在粒径对残存瓦斯含量影响研究方面,李德祥对 0～6 mm、6～13 mm、13～25 mm 和 >25 mm 的 4 种粒度煤样残存瓦斯含量进行了测定,他认为残存瓦斯量随粒径的增大而增大,当粒径达到 25 mm 时,残存瓦斯量仍有增大趋势;撒占友将 0～6 mm、6～13 mm、13～25 mm 和 >25 mm 4 种粒度煤样现场解吸测定后,认为残存瓦斯量随粒径增大而增大,当粒径大于 25 mm 后,粒径对其影响不再明显;陈洋对 0～6 mm、6～13 mm、13～25 mm、>25 mm 4 种粒度煤样进行测试,得出煤样粒径大于 6 mm 的煤样,其残存瓦斯量相差不大;范衡[8]也对粒径与残存瓦斯量的关系进行了研究,并给出粒度为 10 mm 以下煤的残存瓦斯含量在 3～5 m³/t。综合学者们的研究来看,他们大都针对较大粒径进行研究,获得了煤的粒径确实对残存瓦斯含量有一定的影响,且在 0～6 mm 粒径范围内残存瓦斯含量变化较大,但他们对粒径小于 6 mm 的煤样残存瓦斯含量均没有涉及,且推知的极限粒径也并不统一。为此,本书主要针对粒径小于 6 mm 煤样的残存瓦斯含量进行测试,实验煤样粒径分别筛分为 0～0.25 mm、0.25～0.5 mm、0.5～1 mm、1～3 mm、3～6 mm 5 种,吸附平衡压力设置为 0.5 MPa、1.0 MPa、1.5 MPa、2.5 MPa 4 种,研究粒径和吸附平衡压力对残存瓦斯含量的影响。

14.1　煤样制备及实验方法

14.1.1　煤样的制备及实验装置

　　(1)煤样的制备

煤样采自于山西省晋城市端氏煤矿 3 号煤层新鲜暴露的煤壁,煤层破坏类型为Ⅲ类,经实验室粉碎后制作成 0～0.25 mm、0.25～0.5 mm、0.5～1 mm、1～3 mm、3～6 mm 5 种粒径的煤样,放入干燥箱 105 ℃下干燥后置入玻璃容器中密封保存。煤样的特征参数见表14-1。

表 14-1   煤样特征参数

工业分析/%			真密度/(g/cm³)	孔隙率/%	a 值/[cm³/(g·r)]	b 值/(MPa⁻¹·r)
M_{ad}	A_{ad}	V_{daf}				
1.76	11.17	7.02	1.58	5.25	40.984	1.048

(2) 实验装置

实验装置由真空抽气单元、高压充气单元、吸附—解吸单元、煤样粉碎单元、残存瓦斯含量测试单元等 5 部分构成。真空抽气单元由真空泵及相关阀门管路组成;高压充气单元由高纯度甲烷钢瓶(浓度为 99.999%)以及高压管线组成;吸附—解吸单元主要由不锈钢煤样罐(可装煤样 100 g)提供;残存瓦斯含量测试单元由真空脱气装置及气相色谱仪组成。真空脱气装置如图 14-1 所示。

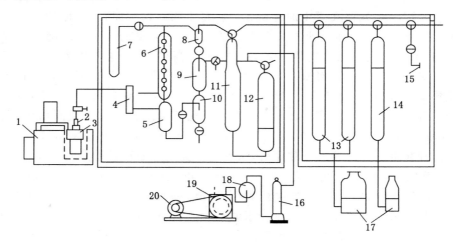

图 14-1   真空脱气装置

1——恒温水浴器;2——穿刺针头;3——煤样罐;4——滤尘器;5——集水瓶;6——冷却管;7——水银真空计;
8——隔水瓶;9——吸水管;10——排水瓶;11——吸气瓶;12——真空瓶;13——大量管;14——小量管;
15——取气支管;16——干燥管;17——水准平;18——分隔球;19——真空泵;20——电动机

14.1.2 实验方法

煤层暴露受到采动影响后,原有吸附平衡被打破,瓦斯即开始解吸[9],煤体内瓦斯压力随解吸时间降低,瓦斯含量也随之逐渐降低。当煤样处于负压状态下,由于存在压力梯度,煤样中瓦斯由高压向低压渗流[10]。利用这一特性,设置同一吸附平衡压力下不同粒径煤样的残存瓦斯含量测定和同一粒径煤样在不同吸附平衡压力下的残存瓦斯含量测定两组实验,通过这两组实验来探究煤的粒径和吸附平衡压力对残存瓦斯含量的影响。

① 煤样装罐：将煤样干燥处理后，取 100 g 所需实验煤样装入煤样罐，将煤样压实后在其上方盖上脱脂棉和铜网并对煤样罐进行密封；② 煤样真空脱气：将煤样罐置于恒温箱中，打开真空泵和煤样罐阀进行脱气处理，抽至真空计示数为 20 Pa 以下，关闭煤样罐阀门和真空泵；③ 充气吸附平衡：调整恒温箱温度为 30 ℃，打开高压瓦斯钢瓶阀门与煤样罐阀门，向煤样罐内充入高纯高压瓦斯气体，当煤样罐内压力超过拟实验压力的 30% 时充气完毕，关闭阀门，静置 12 h 以上，保证罐内煤样达到吸附平衡状态。待煤样罐吸附平衡后对其进行微调，直至吸附平衡压力等于拟实验压力；④ 煤样瓦斯解吸：将煤样罐与瓦斯解吸速度测定仪、真空袋连接，在常温常压下进行瓦斯解吸，解吸至 30 min 内解吸瓦斯量小于 2 mL 即认为解吸终止，后续过程所测得瓦斯含量即为残存瓦斯含量；⑤ 残存量测定：待解吸终止，迅速将煤样装入球磨罐中，放入研磨球和研磨棒，密封后将球磨罐放到球磨机研磨 2 h[11]，保证研磨后粒径小于 0.25 mm 的煤样质量占总质量的 80% 以上；将研磨好的煤样进行抽气，抽气至每小时混合气体抽气量小于 10 mL 时视为抽气终止；⑥ 气体组分分析：通过色谱仪对所抽混合气体进行组分分析，并计算所抽气体中瓦斯标况下纯量，即为残存瓦斯含量。

14.2　粒径对残存瓦斯含量的影响

为了研究煤的粒径对残存瓦斯含量的影响，设置 5 组实验，控制粒径大小为唯一变量，实验温度保持在 30±1 ℃，吸附平衡压力为 1.5 MPa，煤样粒径分别为小于 0.25 mm、0.25～0.5 mm、0.5～1 mm、1～3 mm、3～6 mm。将上述五种粒径煤样分别按照实验步骤进行残存瓦斯含量测定。通过五组不同粒径煤样的实验，得到实验数据见表 14-2。

表 14-2　　　　　　　　不同粒径煤样残存瓦斯含量(标况下纯量)

粒径/mm	0~0.25	0.25~0.5	0.5~1	1~3	3~6
残存瓦斯含量/(mL/g)	1.443 7	3.564 9	4.449 1	4.948 6	6.033 4

由表 14-2 数据可知，在 1.5 MPa 的吸附平衡压力下，煤样的残存瓦斯含量随粒径的增大而增大。取各组煤样粒径区间平均值，残存瓦斯含量随煤样粒径增大的关系图如图 14-2 所示。

由图 14-2 可知，残存瓦斯含量随着煤样粒径的增大而增大，煤样残存瓦斯含量与粒径呈正相关。究其原因，煤是一种非均质材料[12]，煤粒中含有大量的微孔。煤中瓦斯吸附量的多少，与煤粒表面积的大小密切相关。煤中瓦斯一部分以游离态存在于煤体内部微孔中，一部分以吸附态存在于煤体内微孔表面。当煤体遭受破坏，煤内部的微孔结构也被破坏。粒径与煤的比表面积呈负相关关系，粒径越小的煤粒比表面积越大，煤体遭受破坏使得更多吸附在煤粒内部孔隙表面的瓦斯直接暴露在大气中。同时，随着粒径的减小，在煤样破坏过程中，煤中内部孔隙更多地被暴露出来，使得煤中有效孔隙增加，连通性更好，瓦斯向外逸散的通道变短，瓦斯流动阻力也随之减小。因此，粒径较小的煤粒，瓦斯更容易解吸，残存瓦斯含量要低于粒径较大的煤粒。

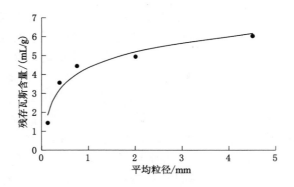

图 14-2　不同粒径煤样残存瓦斯含量

粒径为 0～1 mm 增长速度较快,1～6 mm 增长速度逐渐减小,当粒径继续增大时,残存瓦斯含量趋于稳定。可以得出残存瓦斯含量并不是无限增大,存在极限粒径,当煤样粒径达到极限粒径后,煤样残存瓦斯含量随粒径的增大而增加的量非常少,认为残存瓦斯含量不再增加。

通过对实验数据进行 Langmuir 曲线拟合,得到残存瓦斯含量与煤粒粒径存在以下关系:

$$W_c = \frac{6.41 \times 2.86 \times d}{1 + 2.86 \times d} \qquad R^2 = 0.978$$

式中,W_c 为残存瓦斯含量,m^3/t;d 为煤样粒径,mm。根据 Langmuir 函数物理意义,可知实验煤样的最大残存瓦斯含量大约为 6.41 mL/g。为了研究无烟煤残存瓦斯含量的极限粒径,根据获得的模型,计算出不同粒径煤样的残存瓦斯含量,见表 14-3。

表 14-3　　　　　　　　　　　　不同粒径煤样残存瓦斯含量及增长量

平均煤样粒径/mm	1	2	3	4	5	6	7	13	25
残存瓦斯含量/(mL/g)	4.749	5.456	5.741	5.895	5.991	6.057	6.105	6.242	6.322
差值/(mL/g)	/	0.707	0.285	0.154	0.096	0.066	0.048	0.014	0.004
增比/%	/	11.03	4.44	2.40	1.50	1.03	0.75	0.21	0.06

为了方便数据对比,将粒径梯度设为 1 mm,利用拟合函数得出各平均粒径残存瓦斯含量,计算后一粒径与前一粒径残存瓦斯含量的差值与最大吸附量的比值,见表 14-3。分析表 14-3 数据可知,残存瓦斯含量随粒径的增大是逐渐增大的,粒径在 1～7 mm 范围内,后一粒径较前一粒径的残存瓦斯含量增长量分别占最大吸附量的 11.03%、4.44%、2.4%、1.5%、1.03% 和 0.75%,而当粒径达到 13 mm 时,增加百分比仅为 0.21%,粒径为 25 mm 煤粒残存瓦斯含量仅增加 0.06%,可见,当煤的粒径大于 6 mm 后,煤的残存瓦斯含量随着粒径增大,增加量占吸附量最大值的比例已经很小。将残存瓦斯含量增长百分比小于 1% 时的粒径,认为达到极限粒径。根据表 14-3 计算结果,粒径达到 6 mm 时,增长百分比为 1.03%,所以当粒径大于 6 mm 时,即认为残存瓦斯含量趋于稳定,不再增加,认为 6 mm 是极限粒径。

14.3 吸附平衡压力对残存瓦斯含量的影响

为了获取吸附平衡压力对残存瓦斯含量的影响,将吸附平衡压力设为唯一变量,共设置 4 组实验,瓦斯吸附平衡压力分别为 0.5 MPa、1.0 MPa、1.5 MPa、2.5 MPa。解吸温度为 30±1 ℃,使用粒径为 1～3 mm 煤样。按照实验步骤进行残存瓦斯含量的测定,得到实验数据见表 14-4 和图 14-3。

表 14-4　　　　　　　　　不同吸附平衡压力煤样残存瓦斯含量(标况下纯量)

吸附平衡压力/MPa	0.5	1.0	1.5	2.5
残存瓦斯含量/(mL/g)	5.047	5.32	4.969	5.187
增量/(mL/g)	/	0.27	−0.08	0.14
增比/%	/	0.05	−0.02	0.03

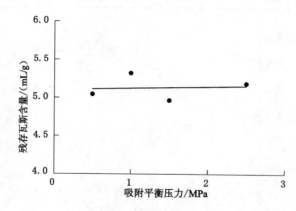

图 14-3　不同吸附平衡压力下煤的残存瓦斯含量

由表 14-4 和图 14-3 可知,煤样残存瓦斯含量并未随吸附平衡压力的变化产生明显变化,而是在某一值附近上下波动,但波动幅度不大,以吸附平衡压力为 0.5 MPa 为参考基准,吸附平衡压力为 1.0 MPa、1.5 MPa、2.5 MPa 的煤样残存瓦斯含量增比分别为 0.05%、−0.02% 和 0.03%,故认为吸附平衡压力对残存瓦斯含量的影响不大。

14.4 无烟煤残存瓦斯含量合理确定方法

由前述可知,残存瓦斯含量与煤粒的粒径呈正相关关系,吸附平衡压力与残存瓦斯含量无明显关系,故忽略吸附平衡压力对其影响。粒径越大,残存瓦斯含量越高,但并不是无限增大。

目前,残存瓦斯含量的确定主要有两种方法,一是通过实验室进行测定,所得结果较为准确,但实验耗时较长,步骤烦琐,不适合工程实际应用;另一种是通过公式近似计算,优点在于确定过程方便迅速。《煤矿瓦斯抽采达标暂行规定》中规定使用如下公式进行计算:

$$W_c = \frac{0.1ab}{1+0.1b} \times \frac{100 - A_d - M_{ad}}{100} \times \frac{1}{1+0.31M_{ad}} + \frac{\pi}{\rho}$$

式中，a,b 为吸附常数；A_d 为煤的灰分，%；M_{ad} 为煤的水分，%；π 为煤的孔隙率，m^3/m^3；ρ 为煤的密度，t/m^3。该公式中考虑了吸附常数、煤的灰分、水分、密度和孔隙率等因素对煤中残存瓦斯含量的影响，而忽略了煤的粒径对其影响，故考虑结合实验所得规律，将粒径这一因素对残存瓦斯含量的影响规律添加至原公式中，对目前所使用公式进行修正。

不同粒径煤样残存瓦斯含量的测定值与计算值存在一定关系，探究实测量和原有公式计算量的比值与粒径大小的关系，得到表 14-5 和图 14-4。

表 14-5　　　　　　　　残存瓦斯含量实测值与计算值比值

粒径/mm	0.125	0.375	0.75	2	4.5
实测值/(mL/g)	1.444	3.565	4.449	4.949	6.033
计算值/(mL/g)	2.225	2.225	2.225	2.225	2.225
比值	0.649	1.602	2.000	2.224	2.712

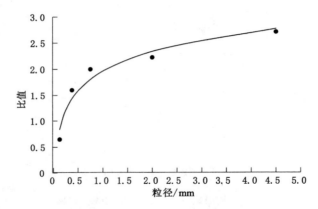

图 14-4　残存瓦斯含量真实值与计算值之比随粒径变化关系

通过拟合，得到如下关系式：

$$\eta = \frac{8.46d}{1+3.02d}$$

式中，η 为实测值与原有公式计算值的比值；d 为煤粒粒径，mm。故将原公式与修正系数相乘，即可得到更为准确的计算值。修正后公式为：

$$W_c = \left(\frac{0.1ab}{1+0.1b} \times \frac{100 - A_d - M_{ad}}{100} \times \frac{1}{1+0.31M_{ad}} + \frac{\pi}{\rho} \right) \times \frac{8.46d}{1+3.02d}$$

建议在以后实际应用中，结合煤矿落煤粒径分布情况，使用此公式进行计算，减弱粒径对残存瓦斯含量测值的影响，以便得到更加准确的残存瓦斯含量，保证抽采达标评判结果的准确性。

参 考 文 献

[1] 李建卫,刘雨虹,张倩.关于中国能源发展的思考[J].化工科技市场,2009,32(1):1-3.

[2] 国务院.国务院关于印发能源发展"十二五"规划的通知[EB/OL].http://www.nea.gov.cn/2013-01/28/c_132132808.htm,2013-1-1/2013-3-4.

[3] 廖春良."十二五"时期中国能源结构的演变[J].上海经济,2010(12):40-43.

[4] 赵铁锤.认真落实"十六字工作体系"继续深化切实做好煤矿瓦斯治理工作[J].中国煤炭,2008,34(7):11-14.

[5] Clarkson C R, Bustin R M. Variation in micropore capacity and size distribution with composition in bituminous coal of the Western Canadian Sedimentary Basin: Implications for coalbed methane potential[J]. Fuel,1996,75(13):1483-1498.

[6] Gray I. Reservoir engineering in coal seams: part 1—the physical process of gas storage and movement in coal seams[J]. SPE Reservoir Engineering,1987,2(1):28-34.

[7] Martin C H. Australasian coal mining practice[R]. Australasian Institute of Mining and Metallurgy,1986.

[8] Pan Z, Connell L D, Camilleri M, et al. Effects of matrix moisture on gas diffusion and flow in coal[J]. Fuel,2010,89(11):3207-3217.

[9] Clarkson C R, Bustin R M. The effect of pore structure and gas pressure upon the transport properties of coal: a laboratory and modeling study:2. Adsorption rate modelling [J]. Fuel,1999,78(11):1345-1362.

[10] Durie R A. The science of victorian brown coal: structure, properties, and consequences for utilization[M]. Butterworth-Heinemann,1991.

[11] Allardice D J, Clemow L M, Favas G, et al. The characterisation of different forms of water in low rank coals and some hydrothermally dried products[J]. Fuel,2003,82(6):661-667.

[12] Joubert J I, Grein C T, Bienstock D. Effect of moisture on the methane capacity of American coals[J]. Fuel,1974,53(3):186-191.

[13] Levy J H, Day S J, Killingley J S. Methane capacities of Bowen Basin coals relatedto coal properties[J]. Fuel,1997,76(9):813-819.

[14] Crosdale P J, Moore T A, Mares T E. Influence of moisture content and temperature on methane adsorption isotherm analysis for coals from a low-rank, biogenically-sourced gas reservoir[J]. International Journal of Coal Geology,2008:166-174.

[15] Allardice D J, Evans D G. The-brown coal/water system: Part 2. Water sorption isotherms on bed-moist Yallourn brown coal[J]. Fuel, 1971, 50(3): 236-253.

[16] Anderson R B, Hall W K, Lecky J A, et al. Sorption studies on American coals [J]. The Journal of Physical Chemistry, 1956, 60(11): 1548-1558.

[17] Moffat D H, Weale K E. Sorption by coal of methane at high pressures[J]. Fuel, 1955(34): 449-462.

[18] Chen D, Pan Z, Liu J, et al. Modeling and Simulation of Moisture Effect on Gas Storage and Transport in Coal Seams [J]. Energy & Fuels, 2012, 26 (3): 1695-1706.

[19] Mastalerz M, Gluskoter H, Rupp J. Carbon dioxide and methane sorption in high volatile bituminous coals from Indiana, USA[J]. International Journal of Coal Geology, 2004, 60(1): 43-55.

[20] Laxminarayana C, Crosdale P J. Role of coal type and rank on methane sorption characteristics of Bowen Basin, Australia coals[J]. International Journal of Coal Geology, 1999, 40(4): 309-325.

[21] Gurdal G, Yalcin M N. Gas sorption capacity of Carboniferous coals in the Zonguldak basin(NW Turkey) and its controlling factors[J]. Fuel, 2000, 79(15): 1913-1924.

[22] Ettinger I L. Methane saturation of coal strata as methane-coal solid solution[J]. Journal of Mining Science, 1990, 26(2): 159-161.

[23] Ettinger I L. Diffusion field in coal stratum[J]. Journal of Mining Science, 1991, 27(4): 368-370.

[24] Gal N L, Lagneau V, Charmoille A. Experimental characterization of CH_4 release from coal at high hydrostatic pressure[J]. International Journal of Coal Geology, 2012(96/97): 82-92.

[25] Sommerton W J, Soylemezoglu I M, Dudley R C. Effect of stress on permeability of coal[J]. Int. J. Rock Mech Min. Sci. and Geomech. Abstr., 1975, 12(2): 129-145.

[26] Siriwardane H J, Gondle R K, Smith D H. Shrinkage and swelling of coal induced by desorption and sorption of fluids: Theoretical model and interpretation of a field project[J]. International Journal of Coal Geology, 2009, 77(1): 188-202.

[27] Qin Y, Wang L, Yang X, et al. Experimental Study of Different Granularity on the Gas Absorption of Coal[J]. Procedia Engineering, 2011(26): 93-100.

[28] Karacan C Ö, Okandan E. Fracture/cleats analysis of coals from Zonguldak Basin (northwesternTurkey) relative to the potential of coalbed methane production [J]. International Journal of Coal Geology, 2000(44): 109-125.

[29] Karacan C Ö, Ruiz F A, Cotè M, et al. Coal mine methane: a review of capture and utilization practices with benefits to mining safety and to greenhouse gas reduction[J]. International Journal of Coal Geology, 2011, 86(2): 121-156.

［30］Guo H,Adhikary D P,Craig M S. Simulation of mine water inflow and gas emission during longwall mining[J]. Rock Mech. Rock Engng. ,2009,42(1):25-51.

［31］Zhang S,Sang S. Physical chemistry mechanism of influence of liquid water on coalbed methane adsorption[J]. Procedia Earth and Planetary Science,2009,1 (1):263-268.

［32］Xie J,Zhao Y,Li X,et al. The experiment of gas adsorption and desorption under the action of high temperature and high pressure water[J]. Procedia Engineering,2011(26):1547-1553.

［33］Pakowski Z,Adamski R,Kokocinska M,et al. Generalized desorption equilibrium equation of lignite in a wide temperature and moisture content range[J]. Fuel, 2011,90(11):3330-3335.

［34］Xiao Z,Wang Z. Experimental Study on Inhibitory Effect of Gas Desorption by Injecting Water into Coal-sample[J]. Procedia Engineering,2011(26):1287-1295.

［35］Zhang G,Liu X,Bi Y,et al. Experimental Study of Penetrant Solution Impact on Gas Desorption[J]. Procedia Engineering,2011(26):113-119.

［36］Zhao D,Feng Z,Zhao Y. Laboratory experiment on coal-bed methane dessorption by water Injection and tempertature[J]. Journal of Canadian Petrpleum Technology,2011(7/8):24-33.

［37］孟巧荣,赵阳升,胡耀青,等.焦煤孔隙结构形态的实验研究[J].煤炭学报,2011, 36(3):487-490.

［38］张力,何学秋,聂百胜.煤吸附瓦斯过程的研究[J].矿业安全与环保,2000,27(6): 1-2.

［39］胡国艺,刘顺生,李景明,等.沁水盆地晋城地区煤层气成因[J].石油与天然气地 质,2001,22(4):319-321.

［40］聂百胜,段三明.煤吸附瓦斯的本质[J].太原理工大学学报,1998,29(4): 417-421.

［41］降文萍,崔永君,张群,等.煤表面与 CH_4、CO_2 相互作用的量子化学研究[J].煤炭 学报,2006,31(2):237-240.

［42］陈向军,刘军,王林,等.不同变质程度煤的孔径分布及其对吸附常数的影响[J]. 煤炭学报,2013,38(2):294-300.

［43］马京长,王勃,刘飞,等.高煤阶煤的吸附特征分析[J].天然气技术,2008,2(6): 31-34.

［44］陈振宏,王一兵,宋岩,等.不同煤阶煤层气吸附、解吸特征差异对比[J].天然气工 业,2008,28(3):30-32.

［45］陈振宏,贾承造,宋岩,等.高煤阶与低煤阶煤层气藏物性差异及其成因[J].石油 学报,2008,29(2):179-184.

［46］蔚远江,汪永华,杨起,等.准噶尔盆地低煤阶煤储集层吸附特征及煤层气开发潜 力[J].石油勘探与开发,2008,35(4):410-416.

［47］张丽萍,苏现波,曾荣树.煤体性质对煤吸附容量的控制作用探讨[J].地质学报,

2006,80(6):910-915.

[48] 沈丽惠,齐俊启,赵志义,等.煤层气生成及含气量控制因素[J].河北工程大学学报(自然科学版),2010,27(1):81-84.

[49] 田蕾,郑柏平,袁同星.沁水盆地高家庄区块高煤阶煤吸附特征及控制因素[J].河北工程大学学报(自然科学版),2010,27(3):57-61.

[50] 钟玲文.煤的吸附性能及影响因素[J].地球科学,2004,29(3):327-334.

[51] 秦文贵,张延松.煤孔隙分布与煤层注水增量的关系[J].煤炭学报,2000,25(5):514-517.

[52] 秦跃平,傅贵.煤孔隙分形特征及其吸水性能的研究[J].煤炭学报,2000,25(1):55-60.

[53] 傅贵,陈学习,雷之平.煤体吸湿速度实验研究[J].煤炭学报,1998,23(6):630-633.

[54] 金龙哲,蒋仲安,任宝宏,等.煤层注水中水分蒸发现象的研究[J].中国安全科学学报,2000,10(3):58-62.

[55] Joubert J I,Grein C T,Bienstock D. Sorption of methane in moist coal[J]. Fuel,1973,52(3):181-185.

[56] 郭淑敏,段小群,徐成法.煤储层条件下平衡湿度测定方法研究[J].焦作工学院学报(自然科学版),2004,23(2):157-160.

[57] 张占存,马丕梁.水分对不同煤种瓦斯吸附特性影响的实验研究[J].煤炭学报,2008,33(2):144-147.

[58] 张群,杨锡禄.平衡水分条件下煤对甲烷的等温吸附特性研究[J].煤炭学报,1999,24(6):566-570.

[59] 张时音,桑树勋,杨志刚.液态水对煤吸附甲烷影响的机理分析[J].中国矿业大学学报,2009,38(5):707-712.

[60] 降文萍,崔永君,钟玲文,等.煤中水分对煤吸附甲烷影响机理的理论研究[J].天然气地球科学,2007,18(4):576-579.

[61] 钟玲文,张新民.煤的吸附能力与其煤化程度和煤岩组成间的关系[J].煤田地质与勘探,1990,27(4):29-35.

[62] 田永东,李宁.煤对甲烷吸附能力的影响因素[J].西安科技大学学报,2007,27(2):247-250.

[63] 苏现波,张丽萍,林晓英.煤阶对煤的吸附能力的影响[J].天然气工业,2005,25(1):19-21.

[64] 孙文标,刘辉,赵宏伟.煤层注水在煤矿安全中的应用及效果浅析[J].煤矿安全,2004,35(12):24-25.

[65] 刘忠峰.唐安煤矿3♯煤综放工作面煤层注水参数与施工工艺研究[D].太原:太原理工大学,2010.

[66] 吴继周.略论煤层注水[J].煤矿安全,1982,13(2):1-6.

[67] 傅贵,秦风华,陈学习,等."三软"煤层综放工作面综合防尘技术试验研究[J].中国安全科学学报,1998,8(4):31-35.

[68] 胡耀青,段康廉,赵阳升,等.煤层注水降低综采工作面煤尘浓度的研究[J].中国安全科学学报,1998,8(3):47-50.

[69] 胡耀青,段康廉,赵阳升,等.煤层动压注水的现场实验研究[J].太原理工大学学报,1998,29(2):156-159.

[70] Campoli A A,McCall F E,Finfinger G L. Long wall dust control potentially enhanced by surface borehole water infusion[J]. Mining Engineering,1996,48(7):56-60.

[71] 秦来昌,孙云虎,赵宝涛."三软"煤层采煤工作面煤层注水消突治理瓦斯、煤尘技术[J].煤炭技术,2009,28(11):93-94.

[72] 翟涛宝.论煤层注水处理瓦斯的效果[J].煤矿安全,1994(5):39-43.

[73] Steven J,Organiscak J A. Using proximate analysis to characterize airborne dust generation from bituminous coals[J]. Aerosol Science and Technology,2002,36(6):721-733.

[74] 肖知国,王兆丰.煤层注水防治煤与瓦斯突出机理的研究现状与进展[J].中国安全科学学报,2009,19(10):150-159.

[75] 蒋承林.煤层注水的防突机理分析[J].湘潭工学院学报,1999,14(3):1-4.

[76] 李天珍,茅献彪,缪协兴,等.松软煤层冲击矿压防治技术[J].矿山压力与顶板管理,1998(4):70-73.

[77] 李伟.南屯煤矿冲击地压防治技术研究与应用[J].煤炭科学技术,2008,36(4):39-43.

[78] 章梦涛,宋维源,潘一山.煤层注水预防冲击地压的研究[J].中国安全科学学报,2003,13(10):69-73.

[79] 孙海,徐林,朱发明,等.用注水法防治软岩矿区冲击地压事故[J].煤炭科学技术,1999,27(4):48-50.

[80] 李宗翔,潘一山,张智慧.预防冲击地压煤层掘进注水钻孔布置与参数的确定[J].煤炭学报,2004,29(6):684-688.

[81] 徐林,姜长根.用煤体注水法防治软岩矿井冲击矿压[J].煤矿安全,1999(4):31-32.

[82] 靳钟铭,赵阳升,张惠轩,等.预注水软化顶板岩石在特厚煤层多分层开采中的实践[J].岩土工程学报,1991,13(1):68-74.

[83] Dines H G. The metalliferous mining region of south-west England[M]. HM Stationery Office,1956.

[84] 康天合,张建平,白世伟.综放开采预注水弱化顶煤的理论研究及其工程应用[J].岩石力学与工程学报,2004,23(15):2615-2621

[85] 张明山,张贝贝,宋宪存.注水法在煤层气排采中的应用[J].辽宁工程技术大学学报,2009,28(6):891-893.

[86] 程远平.煤矿瓦斯防治理论与工程应用[M].徐州:中国矿业大学出版社,2010:14-18.

[87] 程远平,俞启香.中国煤矿区域性瓦斯治理技术的发展[J].采矿与安全工程学报,

2007，24(4)：383-390.

[88] 赵振保.变频脉冲式煤层注水技术研究[J].采矿与安全工程学报,2008,25(4)：484-489.

[89] 王新新,石必明,穆朝民.水力冲孔煤层瓦斯分区排放的形成机理研究[J].煤炭学报,2012,37(3):467-471.

[90] 林柏泉,孟凡伟,张海宾.基于区域瓦斯治理的钻割抽一体化技术及应用[J].煤炭学报,2011,36(01):75-79.

[91] 唐巨鹏,杨森林,李利萍.不同水力割缝布置方式对卸压防突效果影响数值模拟[J].中国地质灾害与防治学报,2012,23(1):61-66.

[92] 刘勇,卢义玉,李晓红,等.高压脉冲水射流顶底板钻孔提高煤层瓦斯抽采率的应用研究[J].煤炭学报,2010,35(7):1115-1119.

[93] 沈春明,林柏泉,吴海进.高压水射流割缝及其对煤体透气性的影响[J].煤炭学报,2011,36(12):2058-2063.

[94] 富向.井下点式水力压裂增透技术研究[J].煤炭学报,2011,36(8):1317-1321.

[95] 林柏泉,张其智,沈春明,等.钻孔割缝网络化增透机制及其在底板穿层钻孔瓦斯抽采中的应用[J].煤炭学报,2012,37(09):1425-1430.

[96] 陈向军,王兆丰,程远平,等.水力挤出消突技术在水井头煤矿掘巷中的应用[J].煤炭科学技术,2012,40(3):49-52.

[97] 切尔诺夫 О И,罗赞采夫 Е С.瓦斯突出危险煤层井田的准备[M].宋世钊,于不凡,译.北京:煤炭工业出版社,1980:128-288.

[98] 于不凡,王佑安.煤矿瓦斯灾害防治及利用技术手册(修订版)[M].北京:煤炭工业出版社,2005:696-698.

[99] 刘建新,李志强.煤巷掘进工作面水力挤出措施防突机理[J].煤炭学报,2006,31(2):183-186.

[100] 李平.水力挤出技术在突出煤层中的应用[J].煤炭科学技术,2007,35(8):45-47,52.

[101] 马骏驰,陈中华,周杨洲,等.突出煤层煤巷掘进水力挤出综合效益研究[J].煤炭技术,2012,31(10):57-59.

[102] 滑俊杰.突出煤层水力挤出快速消突技术[D].焦作:河南理工大学,2011.

[103] 朱亚.高瓦斯突出煤层水力湿润防突技术研究[D].淮南:安徽理工大学,2010.

[104] 郭怀广.煤层注水防突机理及合理水分研究[D].焦作:河南理工大学,2011.

[105] 秦长江.顺层钻孔预抽煤层瓦斯区域防突关键技术研究[D].武汉:中国地质大学,2012.

[106] 刘军,夏会辉,杨宏民,等.煤与瓦斯突出煤层综掘工作面瓦斯防治技术[J].煤炭科学技术,2012,40(4):67- 70,74.

[107] 王兆丰,李宏.煤巷水力疏松措施合理注水参数研究及应用[J].煤炭工程,2011(2):42-45.

[108] 姜文忠.低渗透煤层高压旋转水射流割缝增透技术及应用研究[D].徐州:中国矿业大学,2009.

[109] 魏国营,张书军,辛新平. 突出煤层掘进防突技术研究[J]. 中国安全科学学报,2005,15(6):100-104.

[110] 程庆迎. 低透煤层水力致裂增透与驱赶瓦斯效应研究[D]. 徐州:中国矿业大学,2012.

[111] 孟筠青. 煤层高压脉动注水防治煤与瓦斯突出理论与技术研究[D]. 北京:中国矿业大学(北京),2011.

[112] 肖知国. 煤层注水抑制瓦斯解吸效应实验研究与应用[D]. 焦作:河南理工大学,2010.

[113] 唐本东. 直接法测定煤层瓦斯含量时其逸散瓦斯量补偿浅谈[J]. 煤矿安全,1995,26(11):25-28.

[114] 刘彦伟. 粒煤瓦斯放散规律、机理与动力学模型研究[D]. 焦作:河南理工大学,2011.

[115] Barrer R M. Diffusion in and through Solids[M]. CUP Archive,1941.

[116] 彼特罗祥 А Э. 煤矿沼气涌出[M]. 宋世钊,译. 北京:煤炭工业出版社,1983:121-186.

[117] Airey E M. Gas emission from broken coal. An experimental and theoretical investigation[J]. International Journal of Rock Mechanics and Mining Sciences & Geomechanics Abstracts. Pergamon,1968,5(6):475-494.

[118] Bolt B A,Innes J A. Diffusion of carbon dioxide from coal[J]. Fuel,1959,38(3):333-337.

[119] 王佑安,杨思敬. 煤和瓦斯突出煤层的某些特征[J]. 煤炭学报,1981(1):47-53.

[120] 陈向军. 强烈破坏煤瓦斯解吸规律研究[D]. 焦作:河南理工大学,2008.

[121] 富向,王魁军,杨天鸿. 构造煤的瓦斯放散特征[J]. 煤炭学报,2008,33(7):775-779.

[122] 杨其銮,王佑安. 瓦斯球向流动数学模拟[J]. 中国矿业学院学报,1988(3):55-61.

[123] 杨其銮. 关于煤屑瓦斯放散规律的试验研究[J]. 煤矿安全,1986,18(2):9-17.

[124] 王兆丰. 空气、水和泥浆介质中煤的瓦斯解吸规律与应用研究[D]. 徐州:中国矿业大学,2001.

[125] 曹垚林,仇海生. 碎屑状煤芯瓦斯解吸规律研究[J]. 中国矿业,2007,16(12):119-123.

[126] 姜永东,阳兴洋,刘元雪,等. 不同温度条件下煤中甲烷解吸特性的实验研究[J]. 矿业安全与环保,2012,39(2):6-8.

[127] 李宏. 环境温度对颗粒煤瓦斯解吸规律的影响实验研究[D]. 焦作:河南理工大学,2011.

[128] 郭红玉,苏现波. 煤层注水抑制瓦斯涌出机理研究[J]. 煤炭学报,2010,35(6):928-931.

[129] 李晓华. 水分对阳泉 3 号煤层瓦斯解吸规律影响的实验研究[D]. 焦作:河南理工大学,2010.

[130] 陈攀. 水分对构造煤瓦斯解吸规律影响的实验研究[D]. 焦作:河南理工大学,2010.

[131] 赵东,冯增朝,赵阳升. 高压注水对煤体瓦斯解吸特性影响的试验研究[J]. 岩石力学与工程学报,2010,30(3):549-555.

[132] 赵东,赵阳升,冯增朝. 结合孔隙结构分析注水对煤体瓦斯解吸的影响[J]. 岩石力学与工程学报,2010,30(4):686-692.

[133] 陈向军,程远平,王林. 外加水分对煤中瓦斯解吸抑制作用试验研究[J]. 采矿与安全工程学报,2013,30(2):296-301.

[134] 牟俊惠,程远平,刘辉辉. 注水煤瓦斯放散特性的研究[J]. 采矿与安全工程学报,2012,29(5):746-749.

[135] 曾凡桂,张通,王三跃,等. 煤超分子结构的概念及其研究途径与方法[J]. 煤炭学报,2005,30(1):85-89

[136] 谢克昌. 煤的结构与反应性[M]. 北京:科学出版社,2002:115.

[137] 陈昌国. 煤的物理化学结构和吸附(解吸)甲烷机理的研究[D]. 重庆:重庆大学,1995.

[138] 吴文忠. 神东煤惰质组结构特征及其与 CH_4、CO_2 和 H_2O 相互作用的分子模拟[D]. 太原:太原理工大学,2010.

[139] 朱培之,高晋生. 煤化学[M]. 上海:上海科学技术出版社,1984.

[140] 王宝俊. 煤结构与反应性的量子化学研究[D]. 太原:太原理工大学,2006.

[141] 降文萍,崔永君,钟玲文,等. 煤中水分对煤吸附甲烷影响机理的理论研究[J]. 天然气地球科学,2007,18(4):576-579.

[142] 降文萍. 煤阶对吸附能力影响的微观机理研究[J]. 中国煤层气,2009,6(2):19-23.

[143] 降文萍,崔永君,张群,等. 不同变质程度煤表面与甲烷相互作用的量子化学研究[J]. 煤炭学报,2007,32(3):292-295.

[144] 傅献彩,沈文霞,姚天扬. 物理化学[M]. 第四版. 北京:高等教育出版社,1990.

[145] 李东涛,李文,孙庆雷,等. 原位漫反射红外光谱中采用新的实验手段研究煤岩显微组分中的氢键[J]. 高等教学化学学报,2003,24(4):703-706.

[146] 李东涛,李文,李保庆. 褐煤中水分的原位漫反射红外光谱研究[J]. 高等教学化学学报,2002,23(12):2325-2328.

[147] 王海燕,曾艳丽,孟令鹏,等. 有关氢键理论研究的现状及前景[J]. 河北师范大学学报(自然科学版),2005,29(2):177-181.

[148] 聂百胜,何学秋,王恩元,等. 煤吸附水的微观机理[J]. 中国矿业大学学报,2004,33(4):379-383.

[149] 吴俊. 煤表面能的吸附法计算及研究意义[J]. 煤田地质与勘探,1994,22(2):18-23.

[150] Prausnitz J M,Lichenthaler R N,Azevedo G. 流体相平衡的分子热力学[M]. 第二版. 骆赞椿,吕瑞东,刘国杰,等译. 北京:化学工业出版社,1990.

[151] 邱冠周,胡岳华,王淀佐. 颗粒间相互作用与细粒浮选[M]. 长沙:中南工业大学

出版社,1993.

[152] 袁加程.浅析氢键对物质物理性质的影响[J].化学教学,2003(4):45-46.

[153] 张广宏,马文霞,万会军.氢键的类型和本质[J].化学教学,2007(7):72-75.

[154] 张遂安.有关煤层气开采过程中煤层气解吸作用类型的探索[J].中国煤层气,
2004,1(1):26-28,20.

[155] 张遂安,霍永忠,叶建平,等.煤层气的置换解吸实验及机理探索[J].科学通报,
2005,50(增Ⅰ):143-145.

[156] 马东民,蔺亚兵,张遂安.煤层气升温解吸特征分析与应用[J].中国煤层气,
2011,8(3):11-15.

[157] 马东民,李卫波,蔺亚兵.降压解吸关系式在中高阶煤煤层气排采中的应用[J].
西安科技大学学报,2010,30(6):697-701.

[158] 马东民.煤层气吸附解吸机理研究[D].西安:西安科技大学,2008.

[159] 杨宏民.井下注气驱替煤层甲烷机理及规律研究[D].焦作:河南理工大学,2010.

[160] 李树刚,赵勇,张天军.基于低频振动的煤样吸附/解吸特性测试系统[J].煤炭学
报,2010,35(7):1142-1146.

[161] 易俊,姜永东,鲜学福.在交变电场声场作用下煤解吸吸附瓦斯特性分析[J].中
国矿业,2005,14(5):70-73.

[162] 刘保县,熊德国,鲜学福.电场对煤瓦斯吸附渗流特性的影响[J].重庆大学学报
(自然科学版),2006,29(2):83-85.

[163] 聂百胜,何学秋,王恩元,等.电磁场影响煤层甲烷吸附的机理研究[J].天然气工
业,2004,24(10):32-34.

[164] 何学秋,张力.外加电磁场对瓦斯吸附解吸的影响规律及作用机理的研究[J].煤
炭学报,2000,25(6):614-618.

[165] 姜永东,鲜学福,易俊.声震法促进煤中甲烷气解吸规律的实验及机理[J].煤炭
学报,2008,33(6):675-680.

[166] 姜永东,熊令,阳兴洋,等.声场促进煤中甲烷解吸的机理研究[J].煤炭学报,
2010,35(10):1649-1653.

[167] 王兆丰.液态二氧化碳相变致裂强化预抽消突技术效果考察[R].焦作:河南理工
大学,2012.

[168] 中华人民共和国国家质量监督检验检疫总局,中国国家标准化管理委员会.GB/
T 5751—2009 中国煤炭分类[S].2009.

[169] 中华人民共和国国家质量监督检验检疫总局,中国国家标准化管理委员会.GB/
T 16773—2008 煤岩分析样品制备方法[S].2008.

[170] 中华人民共和国国家质量监督检验检疫总局,中国国家标准化管理委员会.GB/
T 212—2008 煤的工业分析方法[S].2008.

[171] 中华人民共和国国家质量监督检验检疫总局,中国国家标准化管理委员会.GB/
T 8899—2013 煤的显微组分组和矿物测定方法[S].2013.

[172] 中华人民共和国国家质量监督检验检疫总局,中国国家标准化管理委员会.GB/
T 6948-2008 煤的镜质体反射率显微镜测定方法[S].2008.

［173］马东民,谢勇强,温兴宏.煤层气储层渗透率的影响因素［J］.西安科技大学学报,
2005(6):123-129.

［174］张国华,韩永辉,侯凤才,等.含瓦斯煤带压解吸规律的实验研究［J］.黑龙江科技
学院学报,2011,21(1):31-35.

［175］张时音.煤储层固—液—气相间作用机理研究［D］.徐州:中国矿业大学,2009.

［176］马东民,张遂安,蔺亚兵.煤的等温吸附-解吸实验及其精确拟合［J］.煤炭学报,
2011,36(03):477-480.

［177］张登峰,崔永君,李松庚,等.甲烷及二氧化碳在不同煤阶煤内部的吸附扩散行为
［J］.煤炭学报,2011,36(10):1693-1698.

［178］韩颖,张飞燕,余伟凡,等.煤屑瓦斯全程扩散规律的实验研究［J］.煤炭学报,
2011,36(10):1699-1703.

［179］陈萍,唐修义.低温氮吸附法与煤中微孔隙特征的研究［J］.煤炭学报,2001,26
(5):553-557.

［180］罗志明.煤比表面积和煤与瓦斯突出关系的研究［J］.煤炭学报,1989,14(1):
44-54.

［181］秦勇.国外煤层气成因与储层物性研究进展与分析［J］.地学前缘,2005,12(3):
289-298.

［182］Can H,Niandi S P,Walker P L. Nature of porosity in American coals［J］. Fuel,
1972(51):272-277.

［183］郝琦.煤的微观孔隙形态特征及其成因探讨［J］.煤炭学报,1987(4):51-57.

［184］朱兴珊.煤层孔隙特征对抽放煤层气的影响［J］.中国煤层气,1996(6):37-39.

［185］张慧.煤孔隙的成因类型及其研究［J］.煤炭学报,2001(1):40-45.

［186］琚宜文.构造煤结构演化与储层物性特征及其作用机理［D］.徐州:中国矿业大
学,2002.

［187］俞启香.矿井瓦斯防治［M］.徐州:中国矿业大学出版社,1992:1-19.

［188］近藤精一,石川达雄,安部郁夫.吸附科学［M］.第二版.李国希,译.北京:化学工
业出版社,2010.

［189］Patching T H. Retention and release of gas in coal- a review［J］. Canadian Min-
ing and Metallurgical Bulletin,1970,63(703):1302-1308.

［190］Shi J Q,Durucan S. A bidisperse pore diffusion model for methane displacement
desorption in coal by CO₂ injection［J］. Fuel,2003,82(10):1219-1229.

［191］Perera M S A,Ranjith P G,Choi S K,et al. Estimation of Gas Adsorption Ca-
pacity in Coal:A Review and an Analytical Study［J］. International Journal of
Coal Preparation and Utilization,2012,32(1):25-55.

［192］Gregg S J,Sing K S W. Adsorption,Surface Area and Porosity［M］. 2nd Edn.
New York Academic Press,1982.

［193］Gurdal G,Yalcin M N. Pore volume and surface area of the Carboniferous coals from
the Zonguldak basin (NW Turkey) and their variations with rank and macerals com-
position［J］. International Journal of Coal Geology,2001,48(1):133-144.

[194] 中华人民共和国煤炭工业部. MT/T 752—1997 煤的甲烷吸附量测定方法高压容量法[S]. 1997.

[195] 蒲美玲. 低渗透油气藏改造技术研究进展[J]. 内蒙古石油化工,2007(12):315-317.

[196] 高远文,姚艳斌,郭广山. 注气提高煤层气采收率研究进展[J]. 资源与产业,2007,9(6):105-108.

[197] 姚胜林,陈明强,王克伟,等. 提高采收率研究现状[J]. 石油化工应用,2009,28(4):1-3.

[198] 易俊,鲜学福,姜永东,等. 煤储层瓦斯激励开采技术及其适应性[J]. 中国矿业,2005,14(12):26-29.

[199] Puri R,Yee D. Enhanced coalbed methane recovery[R]. SPE Annual Technical Conference and Exhibition,1990.

[200] Clarkson C R,Bustin R M. Binary gas adsorption/desorption isotherms: effect of moisture and coal composition upon carbon dioxide selectivity over methane [J]. International Journal of Coal Geology,2000,42(4):241-272.

[201] Reznik A A,Singh P K,Foley W. Analysis of the effect of CO_2 injection on the recovery of in-situ methane from bituminous coal: an experimental simulation [J]. Society of Petroleum Engineers Journal,1984,24(5):521:528.

[202] Tu Y,Xie C,Li R,et al. the contrast experimental study of displacing coalbed methane by injecting carbon dioxide or nitrogen[J]. Advanced Materials Research,2013(616-618):778-785.

[203] Yang T,Nie B,Yang D,et al. Experimental research on displacing coal bed methane with supercritical CO_2[J]. Safety Science,2012,50(4):899-902.

[204] Zhang D,Li S,Cui Y. Displacement behavior of methane adsorbed on coal by CO_2 injection[J]. Industrial and Engineering Chemistry Research,2011,50(14):8742-8749.

[205] Katayama Y. Study of coalbed methane in Japan[C]. Proceedings of United Nations International Conference on Coalbed Methane Development and Utilization,1995.

[206] Kumar H,Elsworth D,Liu J,et al. Optimizing enhanced coalbed methane recovery for unhindered production and CO_2 injectivity[J]. International Journal of Greenhouse Gas Control,2012(11):86-97.

[207] Mazzotti M,Pini R,Storti G. Enhanced coalbed methane recovery[J]. The Journal of Supercritical Fluids,2009,47(3):619-627.

[208] Bergen F V,Tambach T,Pagnier H. The role of CO_2-enhanced coalbed methane production in the global CCS strategy[J]. Energy Procedia,2011(4):3112-3116.

[209] Wei X,Massarotto P,Wang G,et al. CO_2 sequestration in coals and enhanced coalbed methane recovery: New numerical approach[J]. Fuel,2010,89(5):1110-1118.

[210] Gunter W D, Wong S, Gentzis T. Field-testing CO_2 sequestration and enhanced coalbed methane recovery in Alberta, Canada—a historical perspective and future plans[J]. Am. Chem. Soc. ,2000(45):731-734.

[211] Mazumder S, Wolf K, Van H P, et al. Laboratory experiments on environmental friendly means to improve coalbed methane production by carbon dioxide/flue gas injection[J]. Transport in porous media,2008,75(1): 63-92.

[212] Jessen K, Tang G Q, Kovscek A R. Laboratory and simulation investigation of enhanced coalbed methane recovery by gas injection[J]. Transport in Porous Media,2008,73(2): 141-159.

[213] Busch A, Gensterblum Y, Krooss B M. Methane and CO_2 sorption and desorption measurements on dry argonne premium coals: pure components and mixtures[J]. International Journal of Coal Geology,2003,55(2):205-224.

[214] 杨宏民,任子阳,王兆丰. 寺家庄矿无烟煤对 CH_4 和 CO_2 的吸附特性研究[J]. 煤炭科学技术,2010,38(5):117-120.

[215] 崔永君,张群,张泓,等. 不同煤对 CH_4、N_2 和 CO_2 单组分气体的吸附[J]. 天然气工业,2005,25(1):61-65.

[216] 李建武,白公正,雷宝林,等. 吐哈盆地煤层的吸附性及其影响因素[J]. 煤田地质与勘探,2001,29(2):30-32.

[217] 王宝俊,凌丽霞,赵清艳,等. 气体与煤表面吸附作用的量子化学研究[J]. 化工学报,2009,60(4):995-1000.

[218] 徐龙君,张代钧,鲜学福. 煤的吸附特征及其应用[J]. 煤炭转化,1997,20(2):26-31.

[219] Serra M C C, Pessoa F L P, Palavra A M F. Solubility of methane in water and in a medium for the cultivation of methanotrophs bacteria[J]. The Journal of Chemical Thermodynamics,2006,38(12): 1629-1633.

[220] 桑树勋,秦勇,郭晓波,等. 准噶尔和吐哈盆地侏罗系煤层气储集特征[J]. 高校地质学报,2003,9(3):365-372.

[221] 宋岩,张新民. 煤层气成藏机制及经济开采理论基础[M]. 北京:科学出版社,2005:90-98.

[222] 中华人民共和国国家质量监督检验检疫总局,中国国家标准化委员会. GB/T 19560—2008 煤的高压等温吸附试验方法[S]. 2008.

[223] Sang S, Zhu Y, Zhang J, et al. Influence of liquid water on coalbed methane adsorption: An experimental research on coal reservoirs in the south of Qinshui Basin[J]. Chinese Science Bulletin,2005,01(50):79-85.

[224] Wu S, Guo Y, Li Y, et al. Research on the mechanism of coal and gas outburst and the screening of prediction indices[J]. Procedia Earth and Planetary Science,2009,1(1):173-179.

[225] Moffat D H, Weale K E. Sorption by coal of methane at high pressures[J]. Fuel,1955(34): 449-462.

[226] Siemons N,Wolf K H A A,Bruining J. Interpretation of carbon dioxide diffusion behaviour in coals[J]. Int. J. Coal Geol. ,2007,72(3):315-24.

[227] Krishna R,Wesselingh J A. The Maxwell-Stefan approach to mass transfer[J]. Chemical Engineering Science,1997,52(6):861-911.

[228] Crank J. The mathematics of diffusion [M]. 2nd Edn. Oxford University Press,1979.

[229] Crosdale P J,Beamish B B,Valix M. Coalbed methane sorption related to coal composition[J]. International Journal of Coal Geology,1998,35(1): 147-158.

[230] Ruckenstein E,Vaidyanathan A S,Youngquist G R. Sorption by solids with bidisperse pore structures [J]. Chemical Engineering Science, 1971, 26 (9): 1305-1318.

[231] Smith D,Williams F. Diffusional effects in the recovery of methane from coalbeds[J]. Old SPE Journal,1984,24(5): 529-535.

[232] 陈向军,程远平,王林.水分对不同煤阶煤瓦斯放散初速度的影响[J].煤炭科学技术,2012,40(12):62-65.

[233] Yin G,Jiang C,Xu J,et al. An experimental study on the effects of water content on coalbed gas permeability in ground stress fields[J]. Transport in porous media,2012,94(1): 87-99.

[234] 陈向军,贾东旭,王林.煤解吸瓦斯的影响因素研究[J].煤炭科学技术,2013,41(6):50-53.

[235] 张洪良.负压环境煤的瓦斯解吸规律研究[D].焦作:河南理工大学,2011.

[236] 王鹏.负压环境下煤中瓦斯解吸规律及其对瓦斯含量、K_1值影响[D].焦作:河南理工大学,2015.

[237] 陈向军.外加水分对煤的瓦斯解吸动力学特性影响研究[D].徐州:中国矿业大学,2013.